GASTON TISSANDIER

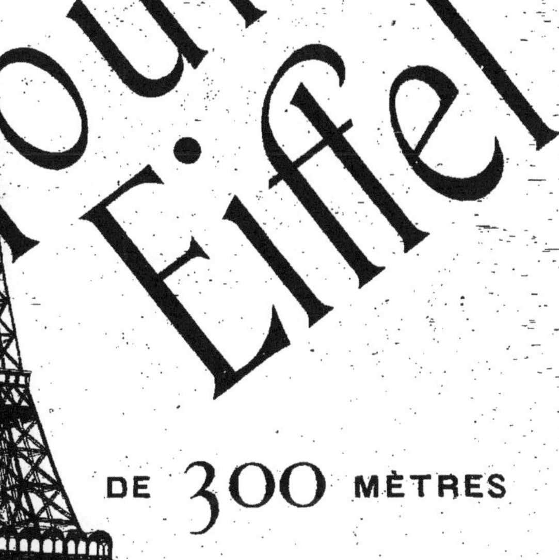

La Tour Eiffel

DE 300 MÈTRES

G. MASSON, ÉDITEUR

120, Boulevard St-Germain

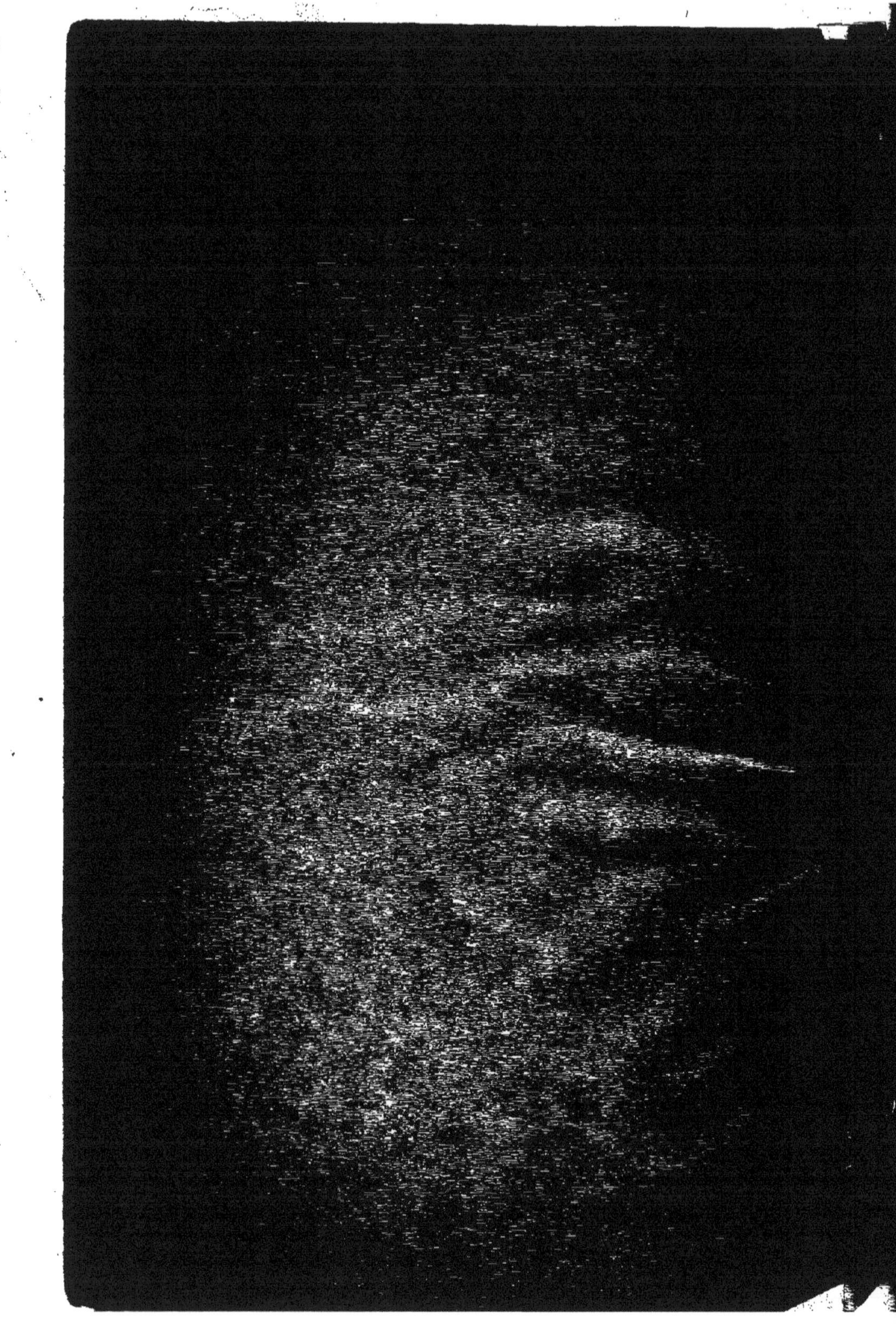

LA

TOUR EIFFEL

À

M. GUSTAVE EIFFEL

Hommage affectueux
d'un de ses admirateurs.

GASTON TISSANDIER.

M. GUSTAVE EIFFEL

LA TOUR EIFFEL DE 300 MÈTRES

DESCRIPTION DU MONUMENT
SA CONSTRUCTION, SES ORGANES MÉCANIQUES
SON BUT ET SON UTILITÉ

PAR

GASTON TISSANDIER
Rédacteur en chef du journal *la Nature*

AVEC UNE LETTRE DE M. EIFFEL
et 32 gravures dans le texte

PARIS
G. MASSON, ÉDITEUR
120, BOULEVARD SAINT-GERMAIN

1889

LETTRE DE M. G. EIFFEL

Cher Monsieur Tissandier,

J'accepte avec grand plaisir la dédicace que vous voulez bien m'offrir de ce petit volume sur la Tour. Il réunit et complète les différents articles que vous avez déjà publiés sur le même sujet dans votre excellent recueil La Nature.

Vos lecteurs habituels les reliront avec intérêt; je vous remercie, au nom des nouveaux, de la clarté d'exposition et de l'exactitude que vous avez apportées dans la description de l'œuvre que j'ai réalisée pour la célébration du Centenaire, et que j'ai essayé de rendre digne du génie industriel de notre pays.

Recevez, cher Monsieur Tissandier, l'assurance de mes meilleurs sentiments.

G. EIFFEL.

Paris, le 1er mai 1889.

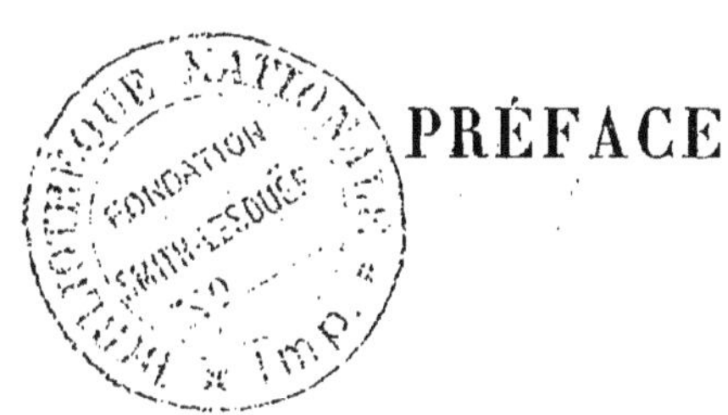

PRÉFACE

La tour Eiffel, cet immense monument de fer, auprès duquel la grande pyramide d'Égypte, l'obélisque de Washington, la cathédrale de Cologne ne sont plus que des constructions de modeste hauteur, se dresse majestueusement à l'entrée du Champ de Mars de Paris.

Le colosse métallique était digne de servir de porte triomphale à l'Exposition de 1889. Il constitue l'Édifice de la fin de notre dix-neuvième siècle qui, par ses découvertes, restera le plus grand de tous ceux à travers lesquels l'humanité a jusqu'ici accompli ses évolutions.

La moitié du monde viendra admirer les efforts que la France a cru devoir faire pour montrer quelle était sa vitalité ; nul ne saurait nier que la somme de talent dépensée au Champ de Mars pour l'Exposition du Centenaire a été prodigieuse, et que le travail y a dépassé tout ce qu'on avait pu faire dans les entreprises du même genre.

La Tour de 300 mètres sera l'attraction principale de cet étonnant ensemble de merveilles. Il nous a semblé qu'il ne suffisait pas de visiter et d'admirer ce monument colossal. Il faut savoir comment il a été construit, quelles sont les méthodes qui ont été appliquées à son édification, quelle est l'importance de ses applications; mais le public avide de s'instruire trouvera difficilement à être renseigné.

Nous avons voulu lui faciliter sa tâche en lui présentant ce petit livre. Nous serons heureux de contribuer à lui faire apprécier dans ses détails la gigantesque et magnifique construction métallique qui est aujourd'hui, et à si juste titre, l'objet de toutes ses faveurs.

G. T.

Paris, le 1er mai 1889.

M. GUSTAVE EIFFEL

NOTICE BIOGRAPHIQUE

Avant de faire connaître l'œuvre, il nous paraît intéressant de parler de l'artisan, et de résumer l'histoire d'une existence de travail et de labeur qui fait honneur à la science et à notre pays.

Gustave Eiffel est né à Dijon (Côte-d'Or) en 1832, il fut reçu à l'École centrale des arts et manufactures, et en sortit dans un bon rang, en 1855.

Le jeune ingénieur débuta par des entreprises remarquables : il fut attaché à la construction du grand pont de Bordeaux qui reste encore aujourd'hui un des plus beaux travaux de l'art de l'ingénieur moderne. C'est là que pour la première fois on essayait, mais avec quelque timidité, le système de fondations de piles de pont à l'air comprimé. M. Eiffel comprit l'importance de cette méthode, il l'utilisa avec succès, et en préconisa tous les avantages, au point de vue de la sécurité et de l'économie. On sait que l'avenir a pleinement justifié ces prévisions, car les applications des fondations à l'air comprimé ne se comptent plus aujourd'hui.

Après le pont de Bordeaux, M. Eiffel, dont la voie semblait déjà tracée, construisit successivement et toujours avec succès une série de ponts métalliques parmi lesquels nous citerons spécialement le pont de la Nive à Bayonne, et ceux du réseau Central à Capdenac et à Florac.

En 1867, lors de l'Exposition universelle qui fut, on se le rappelle, l'une des plus brillantes d'entre toutes, le commissaire général, M. Krantz, s'adressa à M. Eiffel pour l'exécution des arcs de la galerie des machines. Le savant ingénieur publia un travail, très remarqué, où il formula avec une haute précision le module d'élasticité des pièces composées. Ce Mémoire est devenu classique et il est en quelque sorte le *vade mecum* des constructeurs métallurgiques des ponts ou viaducs de fer.

En 1868, M. Eiffel construisit sous la direction de M. Nordling, ingénieur de la Compagnie d'Orléans, les viaducs sur piles métalliques du chemin de fer de Commentry à Gannat. Il se signala à cette occasion par de nouveaux et importants progrès accomplis dans les piles de pont. Jusque-là ces piles étaient faites en fonte; or la fonte constitue une matière lourde, peu élastique, d'un prix élevé et dont l'emploi offre de sérieux inconvénients. M. Eiffel trouva le moyen de supprimer l'emploi de la fonte en se servant exclusivement de fer, auquel il ne cessa de recourir de plus en plus, comme dans la construction du grand viaduc de Garabit. Bientôt il est probable que l'acier sera substitué au fer, comme celui-ci l'avait été à la fonte.

Ce n'est pas seulement par ce judicieux emploi des procédés et des matériaux que M. Eiffel s'était fait remarquer jusque-là dans l'art des constructions métalliques; il perfectionna considérablement les procédés mécaniques qui ont permis d'imprimer un nouvel élan aux travaux publics.

L'opération du lançage des ponts à poutres droites fut absolument transformée par M. Eiffel qui imagina l'emploi des leviers et chaînes à bascule. Les nouvelles méthodes de l'éminent ingénieur favorisent la répartition des charges, et permettent de réaliser avec autant de sécurité que de succès des lançages qui eussent autrefois paru absolument irréalisables. La première expérience de ce genre fut exécutée en 1869 au viaduc de la Sioule; elle réussit pleinement, et ne tarda pas à être renouvelée à Vianna en Portugal, où l'on parvint à lancer d'une seule pièce un tablier métallique d'une grande longueur. Au viaduc de la Tardes, près Montluçon, M. Eiffel fit lancer un tablier de pont à 100 mètres de hauteur sur des piles espacées de 104 mètres d'axe en axe; c'est la plus grande portée qui ait encore été franchie par voie de lançage.

M. Eiffel ne s'en tint pas à ces résultats : il est l'inventeur du montage en porte-à-faux, qui lui a permis d'exécuter des travaux prodigieux. Dans ce mode de montage, le ponton métallique restant immobile sur les appuis, s'allonge par l'addition de pièces qui se fixent successivement à celles antérieurement mises en place. On cite comme remarquable le travail de ce genre exécuté à Cubzac près de Bordeaux, où 72 mètres furent ainsi franchis dans le vide. A Tan-An, en Cochinchine, l'espace franchi de la même manière atteignait 80 mètres de portée.

Si M. Eiffel a apporté des perfectionnements de premier ordre des ponts *à poutres droites*, il a opéré une révolution dans l'art de construire les ponts à arc, dont le viaduc de Garabit, dans le Cantal, reste la merveille des merveilles. Ce pont colossal relie deux montagnes séparées par un abime où coule une rivière torrentueuse. Il a une longueur totale de 564 mètres. La partie métallique mesure 449 mètres. La grande arche centrale a 165 mètres d'ouverture. Du sol de la rivière au rail, elle mesure 124 mètres. Cette hauteur de 124 mètres permettrait aux tours de Notre-Dame de passer sous le pont de Garabit avec la colonne Vendôme placée au-dessus en guise de paratonnerre. Le viaduc de Garabit est construit sur le type du pont du Douro précédemment édifié en Portugal.

M. Eiffel ne se contenta pas d'avoir réalisé tant de grandes constructions : son usine de Levallois-Perret devint un centre de production d'où les vastes entreprises se succédaient rapidement. Parmi les travaux importants du grand ingénieur, nous mentionnerons la gare de Pesth, le pont de Szegedin, la façade principale de l'Exposition de 1878, l'ossature en fer de la statue colossale de Bartholdi, la *Liberté éclairant le monde*, hommage de la

France aux États-Unis, la coupole tournante de l'Observatoire de Nice, etc.

Après tant de travaux, tout autre que M. Eiffel eût pu ambitionner le repos, mais il voulut couronner sa carrière d'ingénieur par une œuvre qui étonnerait le monde entier, et qui serait une des victoires scientifiques de notre siècle. Il conçut le projet de la Tour de 300 mètres, qu'on taxa d'abord d'œuvre irréalisable, inutile et insensée. M. Eiffel, qui joint à la science l'esprit de volonté et de persévérance, rencontra à l'origine l'appui de deux personnalités importantes qui firent triompher sa cause : M. Lockroy alors Ministre du commerce et de l'industrie, et M. Georges Berger, Directeur général de l'exploitation de l'exposition de 1889.

M. Eiffel aura su vaincre les obstacles; les difficultés matérielles et morales ne l'ont point arrêté; il a poursuivi son œuvre avec une inébranlable énergie, et le but a été atteint à l'heure dite. M. Eiffel aura élevé à la science un monument grandiose, qui est la gloire de l'art de l'ingénieur, et qui fait honneur à notre génie national.

G. TISSANDIER.

LA TOUR EIFFEL

I

ORIGINE DE LA TOUR DE 300 MÈTRES. — IMPORTANCE DE SA CONSTRUCTION

C'est en 1798 que la première Exposition de l'Industrie française a été décrétée par le gouvernement. Depuis cette époque, la France a eu quatorze grandes expositions, qui, d'abord nationales, sont devenues internationales, et ont été ouvertes à tous les produits du travail. L'Exposition de Paris en 1855 a inauguré cette féconde réunion des exposants du monde entier.

En 1884, au moment où une nouvelle exposition universelle était décidée pour 1889 par un décret du président de la République, M. G. Eiffel, ingénieur-constructeur, déjà célèbre à cette époque, a proposé de construire une tour immense qui atteindrait l'altitude de 300 mètres au-dessus du niveau du sol.

Ce n'était pas la première fois qu'un semblable projet avait hanté le cerveau des hommes. Dès 1833, le célèbre ingénieur anglais Trevitick avait pensé à construire une tour en fonte de 1000 pieds de hauteur, mais il ne tarda pas, après une étude peu complète, à abandonner son idée.

En 1875, au moment où l'on édifiait les bâtiments de l'Exposition de Philadelphie, il fut question, dans les journaux, d'une autre tour de 1000 pieds de hauteur, qui devait être élevée au milieu du parc environnant le palais. Cette idée ne fut pas mise à exécution. Mais elle avait cependant attiré l'attention publique, et l'on commençait déjà à vanter l'audace du projet.

M. G. Eiffel aura eu le mérite de réaliser, après une étude approfondie, ce qui, avant lui, avait été considéré comme un rêve de l'art de l'ingénieur. Les difficultés d'une telle construction paraissaient en effet presque absolument insurmontables.

L'exemple des plus grands monuments construits auparavant montre qu'il est difficile, avec des matériaux où la pierre joue le principal rôle, de dépasser une hauteur de 150 à 160 mètres, limite déjà rarement atteinte. Les principales hauteurs de monuments connus sont les suivantes :

Cathédrale de Cologne, 159 mètres; cathédrale de Rouen, 150 mètres; grande pyramide d'Égypte, 146 mètres; cathédrale de Strasbourg, 142 mètres; cathédrale de Vienne (Autriche), 138 mètres; Saint-Pierre de Rome, 132 mètres; flèche des Invalides, 105 mètres; Panthéon, 85 mètres; balustrades des tours de Notre-Dame de Paris, 66 mètres. Les Américains ont dépassé de beaucoup l'altitude de tous ces monuments par l'obélisque de Washington qui atteint la hauteur de 169 mètres (fig. 1).

Pour aller au delà, il était indispensable de recourir à l'emploi du fer. Ce métal est le seul qui permette non seulement de supporter les réactions verticales de la construction, mais encore de résister aux efforts de flexion résultant de l'action du vent, laquelle est considérable pour les grandes hauteurs.

Les piles métalliques, qui ont été construites dans ces derniers temps, atteignent couramment la hauteur de

Fig. 1. — Hauteurs comparatives de la Tour Eiffel et des principaux monuments du monde.

1. Colonne Vendôme, à Paris, 45 mètres. — 2. Notre-Dame de Paris, 66 m. — 3. Colonne de Juillet, à Paris, 47 m. — 4. Saint-Pierre de Rome, 132 m. — 5. Obélisque de Washington, 169 m. 6. — 6. Grande Pyramide d'Égypte, 146 m. — 7. Cathédrale de Rouen, 150 m. — 8. Cathédrale de Strasbourg, 142 m. — 9. Les Invalides, à Paris, 105 m. — 10. Arc de triomphe de Paris, 49 m. — 11. Cathédrale de Cologne, 159 m. — 12. Panthéon de Paris, 85 m.

60 mètres, et, dans l'état actuel de l'art de l'ingénieur, il n'y avait pas de difficultés très sérieuses à atteindre des

hauteurs de 80 et même de 100 mètres; mais la question était tout autre avec la hauteur projetée de 300 mètres, et, dans l'étude détaillée de l'avant-projet, il s'est produit des difficultés analogues à celles que l'on rencontrait dans l'étude d'un pont, si l'on voulait passer d'une portée de 150 mètres, à celle de 300 mètres.

En effet, pour ne citer qu'un point spécial, si on ne veut pas multiplier les montants de l'ossature, on est conduit à mettre des contreventements diagonaux qui dépassent les limites praticables et qui atteignent à la base de la pile des longueurs de plus de 100 mètres; si, au contraire, on multiplie ces montants, on arrive à une construction extrêmement lourde et d'un effet architectural déplorable. Il était donc nécessaire de trouver un mode de construction qui limitât le nombre des montants, et permît néanmoins de supprimer les contreventements diagonaux. C'est ce qui a été réalisé dans le projet actuellement exécuté de M. G. Eiffel.

L'éminent constructeur a été assisté dans ses travaux par deux de ses ingénieurs, MM. Nouguier et Koechlin, avec la collaboration de M. Sauvestre, architecte, pour la partie décorative.

La forme géométrique de la Tour de 300 mètres n'a pas été seulement déterminée, comme on le croit communément, par des considérations d'aspect, mais surtout par des considérations mathématiques qui dépendent des conditions de l'intensité du vent.

La Tour a une forme telle que, si l'on étudie l'action des différents courants aériens qui peuvent y exercer leur action, depuis les vents faibles et moyens jusqu'aux ouragans dont la pression est de 400 kilogrammes par mètre carré, la résultante des pressions exercées en chaque point passe par le centre de gravité de chacune des sections. La forme de la Tour est en quelque sorte moulée par le vent lui-même.

On ne saurait se figurer quels travaux ont nécessité les épures de construction. L'ensemble de l'édifice ayant été bien déterminé et divisé en 29 panneaux, chaque panneau a donné lieu à une épure séparée. Chacune de ces épures

Fig. 2. — Premier projet de la Tour Eiffel, publié dans *La Nature* en 1884.

forme la base de toute une série de dessins géométriques calculés à l'aide des tables de logarithmes.

Il ne nous est pas possible d'entrer dans les détails techniques de ce travail immense. Contentons-nous de dire que le nombre des pièces métalliques différentes qui entrent dans la construction de la Tour est de 12 000 et que chaque pièce nécessite un dessin spécial, où l'on détermine mathématiquement les plus minutieux détails, notamment la grandeur et la position des trous des rivets.

Les épures de la Tour Eiffel comprennent 700 dessins d'ingénieur pour l'étude des 29 panneaux, et 3 000 feuilles d'atelier. Chaque feuille a 1 mètre de largeur sur $0^{m},80$ de hauteur. Ces dessins ont nécessité le concours de quarante dessinateurs et calculateurs qui auront travaillé sans interruption pendant deux années; ce personnel était installé à Levallois-Perret dans un grand nombre de salles successives qui prenaient l'importance d'une grande administration.

Les pièces assemblées de la Tour de 300 mètres ne comprennent pas moins de 7 000 000 de trous qui ont été perforés dans la tôle de fer par un outillage spécial. La moyenne d'épaisseur étant de $0^{m},010$, les trous placés bout à bout formeraient un tube de 70 kilomètres de longueur. Les rivets employés dans la construction sont au nombre de 2 500 000.

Chaque pièce qui entre dans la construction de la Tour a été ainsi tracée, coupée, percée à l'usine de Levallois-Perret, et, quand elle arrivait au Champ de Mars, elle trouvait mathématiquement sa place dans la construction.

Aucun travail si considérable n'aura été fait avec autant de précision et avec une si grande rapidité. Pas un accident n'est survenu pendant la durée de la construction; tout a été prévu et calculé à l'avance avec une sûreté de vue qui fait honneur à l'ingénieur, à ses ouvriers, et à tous ceux qui l'ont secondé dans cette œuvre colossale.

II

LES FONDATIONS

Il résulte des nombreux sondages effectués dans le Champ de Mars que l'assise inférieure du sous-sol est formée par une puissante couche d'argile plastique de 16 mètres environ d'épaisseur, reposant sur la craie. Cette argile est

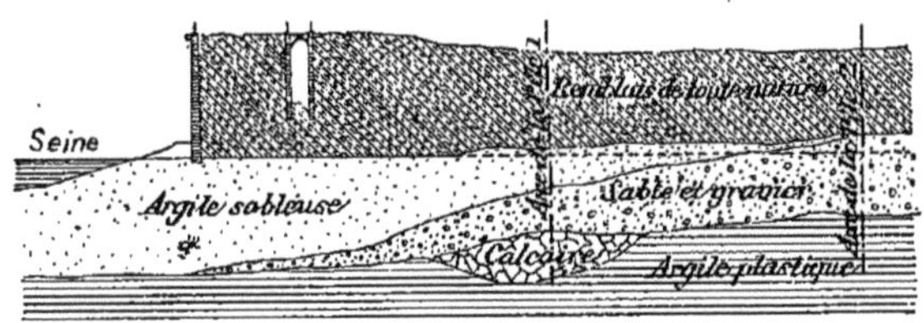

Fig. 3. — Coupe du sol de fondation de la Tour de 300 mètres.

sèche, assez compacte, et peut supporter des charges de 3 à 4 kilogrammes par centimètre carré.

La couche solide de sable et gravier est surmontée elle-même d'une épaisseur variable de sable fin, de sable vaseux et de remblai de toutes natures, impropres à recevoir des fondations (fig. 3).

Les deux piles d'arrière de la Tour, E. et S., qui portent les numéros 2 et 3 (fig. 4) sont placées à cheval sur les limites de l'ancienne balustrade : le sol naturel est en ce point à la cote + 34, les remblais de toutes natures ont une épaisseur de 7 mètres, et on rencontre à la cote + 27, qui est le niveau normal de la Seine (retenue du barrage de Suresne), la couche de sable et gravier dont l'épaisseur en ce point est de 6 mètres environ. On a donc pu très facilement obtenir, pour ces deux piles, une fondation parfaite dont le massif inférieur est constitué par une couche de 2 mètres de béton de ciment coulé à l'air libre.

Les deux piles d'avant, N. et O., qui portent les numéros

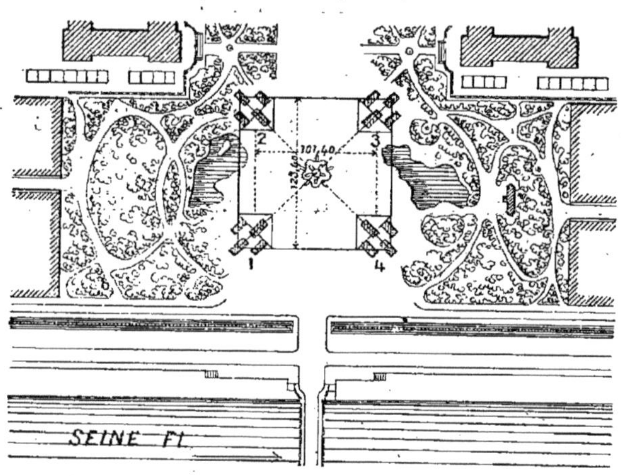

Fig. 4. — Emplacement des quatre piles de fondation de la Tour près de la Seine, 1, 2, 3 et 4 ou Est, Sud, Nord et Ouest.

1 et 4, ont été fondées différemment. La couche de sable et gravier ne se rencontre qu'à la cote + 22, c'est-à-dire 5 mètres sous l'eau, et pour y arriver, on traverse des terrains vaseux et marneux, provenant des alluvions récentes de la Seine. Pour reconnaître d'une façon précise et exempte des incertitudes que présentent les sondages faits par les procédés ordinaires, M. Eiffel a fait au centre de chacune des piles un sondage à l'air comprimé, à l'aide d'une cloche en tôle de 1^{m},50 de diamètre surmontée de hausses.

Les fondations de ces deux piles ont été établies à l'air

comprimé à l'aide de caissons en tôle de 15 mètres de longueur sur 6 mètres de largeur, au nombre de 4 pour chaque pile, et enfoncés à la cote + 22, soit à 5 mètres sous l'eau.

Chacun des quatre montants de la Tour est formé par une grande ossature de section carrée de 15 mètres de côté dont les arêtes transmettent les pressions au sol de

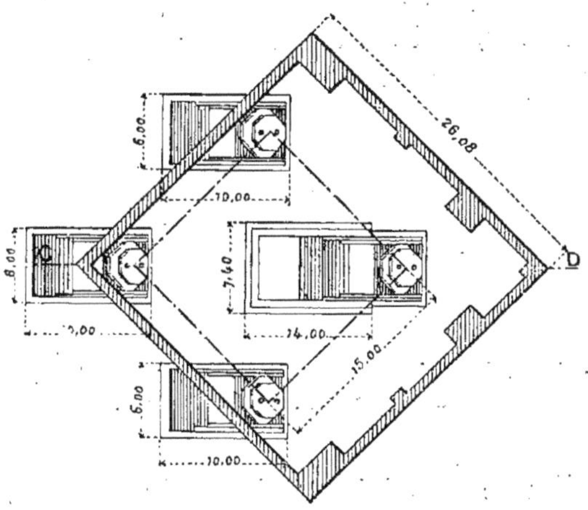

Fig. 5. — Plan des fondations d'un pilier.

fondation par l'intermédiaire de massifs de maçonnerie placés sous chacune d'elles. Il y a donc quatre massifs de fondation par pied (fig. 5). La partie supérieure de ces massifs, qui reçoit les sabots d'appui, est normale à la direction des arêtes, et le massif lui-même a la forme d'une pyramide à face verticale sur l'avant et à face inclinée sur l'arrière, dont les dimensions sont telles qu'elles ramènent dans un point très voisin du centre de la fondation la résultante oblique des pressions.

Les massifs de béton réalisant cette surface ont 10 mètres de longueur sur 6 mètres de largeur (fig. 5).

Au centre de chacun de ces massifs, sont noyés deux grands boulons d'ancrage de $7^{m},80$ de longueur et de $0^{m},10$ de diamètre, qui par l'intermédiaire de sabots en fonte et de fers à I intéressent la majeure partie des maçonneries des pyramides.

Cet ancrage (fig. 6) n'est pas nécessaire pour la stabilité de la Tour, qui est assurée par son poids propre; il donne cependant un excès de sécurité contre tout renversement, il a de plus été utilisé lors du montage en porte-à-faux des montants.

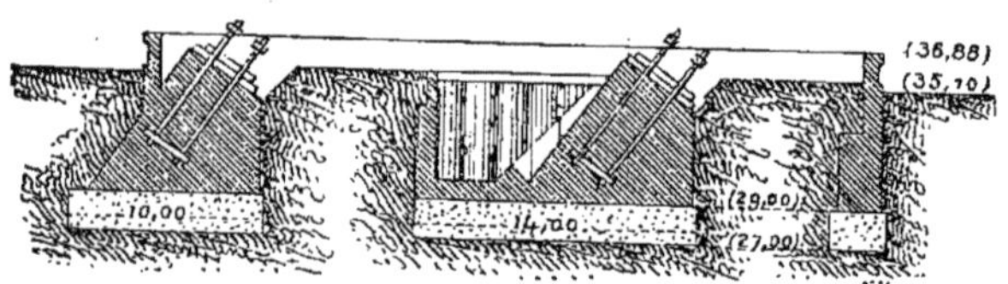

Fig. 6. — Coupe des piliers d'un montant de la Tour faisant voir le système d'ancrage dans les fondations.

Les maçonneries, qui travaillent au plus à un coefficient de 4 à 5 kilogrammes par centimètre carré, sont couronnées par deux assises de pierre de taille de Château-Landon, dont la résistance à l'écrasement est, d'après les expériences exécutées à l'École des ponts et chaussées et au Conservatoire des arts et métiers, de 1235 kilogrammes en moyenne par centimètre carré. La pression sous les sabots en fonte est seulement de 30 kilogrammes par centimètre carré. La pierre ne travaille donc qu'au quarantième de sa résistance.

Les fondations de la Tour sont établies dans d'excellentes conditions de sécurité, soit comme choix de matériaux, soit comme dimensions, elles ont été traitées très largement, de manière à ne laisser aucun doute sur leur solidité.

Fig. 7. — Massifs de fondation de la pile n° 3 (Sud) le 5 mai 1887. (D'après une photographie de M. Albert Londe.)

Cependant, pour rester complètement sûr de maintenir les pieds de la Tour sur un plan parfaitement horizontal, M. G. Eiffel a ménagé dans les sabots un logement pour y installer une presse hydraulique de 800 tonnes; à l'aide de ces presses on peut produire le déplacement de chacune des arêtes et la relever de la quantité nécessaire, sauf à intercaler des coins en acier entre la partie supérieure du sabot et la partie inférieure d'un contre-sabot en acier fondu sur lequel vient s'assembler le montant en fer. Nous parlerons particulièrement de cet outillage qui a contribué au succès de la construction.

En dehors des massifs, la base de chaque pied de la Tour est garnie d'un socle en béton Coignet, supporté par une ossature métallique. Les murs qui portent le socle sont fondés sur des piliers avec arcade. Toute cette infrastructure est noyée dans un remblai arasé au niveau du sol, sauf pour la pile n° 3, où elle reste à l'état de cave, destinée au logement des machines et de leurs générateurs pour les services des ascenseurs.

L'écoulement de l'électricité atmosphérique dans le sol se fait pour chaque pile par deux tuyaux de conduite en fonte de $0^{m},50$ de diamètre, immergés, au-dessous du niveau de la nappe aquifère, avec une longueur de 18 mètres. Ces tuyaux se retournent verticalement à leur extrémité jusqu'au niveau du sol, où ils seront mis en communication directe avec la partie métallique de la tour.

Le premier coup de pioche des travaux des fondations a été donné le 28 janvier 1887.

Le 5 mai 1887, nous avons visité le chantier de la Tour de 300 mètres et M. G. Eiffel nous a fait l'honneur de nous recevoir avec quelques autres invités. Il nous paraît intéressant de reproduire le récit que nous avons publié à cette époque.

Nous avons d'abord visité, disions-nous, les quatre massifs de fondation d'un des montants de la tour qui se trouvaient alors dans l'état que nous représentons figure 7. M. Eiffel nous a ensuite fait descendre à l'autre extrémité du chantier dans l'un des caissons en tôle servant aux fondations par l'air comprimé. Notre figure 8 fait comprendre très clairement le dispositif adopté. La descente dans un de ces caissons est une expédition fort curieuse pour le profane; on pénètre dans la cloche métallique supérieure qui a été isolée du caisson par une trappe ou soupape hermétiquement fermée. Quand on est entré dans la cloche, la porte étant fermée, on y comprime de l'air, ce qui se traduit pour le visiteur par une sensation particulière dans le tympan, mais une simple déglutition suffit pour la faire disparaître. On ouvre alors la trappe qui conduit au caisson souterrain, et on y descend par une échelle de fer fixée à l'un des tubes verticaux qui sert aussi de passage aux seaux du déblaiement. Une fois dans le caisson, on voit les ouvriers qui piochent le sol à la lueur de lampes électriques et qui l'amassent dans des seaux enlevés et rejetés au dehors au fur et à mesure qu'ils sont remplis. Le caisson chargé s'enfonce ainsi peu à peu jusqu'à ce qu'il soit arrivé au bon sol. Cela fait, il est entièrement rempli de béton, et forme une énorme assise d'une inébranlable solidité.

Aujourd'hui que la Tour est terminée, le souvenir de cette visite effectuée au sein même de ses fondations nous est souvent revenu à la pensée. Cette descente au centre des caissons laisse dans l'esprit des impressions durables. Lors de notre visite, M. Albert Londe qui nous accompagnait a exécuté quelques photographies à la lumière au magnésium.

Fig. 8. — Vue d'un caisson pour la fondation de la Tour par l'air comprimé. — Coupe montrant le travail souterrain et les tubes d'air et de déplacement. le 20 mai 1887. Pile Nord.

III

LA CONSTRUCTION MÉTALLIQUE

Après avoir donné des détails circonstanciés sur le projet d'ensemble de la Tour de 300 mètres et sur l'exécution de ses fondations, nous pouvons aborder l'histoire de la construction métallique proprement dite. Rappelons au préalable qu'à la fin de juin 1887, les massifs de fondation avaient disparu sous les remblais; seules les énormes assises de pierre de taille qui supportent les quatre pieds de chacune des piles émergaient au-dessus du remblai. Une première et importante étape de l'exécution était franchie.

Les travaux métalliques ont été commencés aussitôt; ils ont été conduits avec une rapidité telle, que le montage, commencé en juillet 1887, était arrivé le 10 octobre de la même année à plus de 30 mètres de hauteur pour chacune des quatre piles; plus de 1 450 000 kilogrammes de fer étaient déjà mis en place (fig. 9).

Cette partie de la construction a présenté de sérieuses difficultés qu'il est intéressant de mettre en évidence. La plus grande inclinaison de chaque pile par rapport à l'horizontale se produit dans le sens de la diagonale de la base de la Tour. Cette inclinaison est de 54°, ce qui veut dire que le porte-à-faux total ou surplombement résultant de cette inclinaison était de 30 mètres pour la partie de chaque pile comprise entre le sol et le premier étage. La difficulté du montage résultait de ce porte-à-faux, puisqu'il fallait tenir en équilibre stable les masses considérables inclinées qui constituent chaque pied.

Nous avons dit que chaque pile est composée de quatre montants (fig. 10) ou arêtiers espacés en carré de 15 mètres et réunis par des entretoises et des treillis de manière à constituer un ensemble prismatique à base quadrangulaire. Chaque montant d'angle s'appuie sur son socle en maçonnerie par l'intermédiaire d'un appui, fonte et acier, composé de la façon suivante : d'abord une pièce inférieure en fonte pesant 5 500 kilogrammes, dont le large patin inférieur repose sur l'assise inclinée de la fondation. Cette pièce est évidée; une de ses parois latérales est percée d'une ouverture destinée à l'introduction d'un cylindre de presse hydraulique.

Les choses étant à ce point, on a installé le chantier de montage en pourvoyant d'abord à la réception et au bardage des fers. Arrivant de l'usine de Levallois-Perret, ils étaient reçus au Champ de Mars par une grue roulante qui les déchargeait, les portait et les déposait au lieu d'approvisionnement et de classement. De là, partaient quatre voies distinctes se dirigeant chacune vers une des piles de la Tour, et permettant d'amener chaque pièce à l'endroit où les engins de levage avaient à la reprendre.

En définitive, le chantier inférieur de la Tour comprenait quatre chantiers distincts identiques, un pour chaque pile. Ce que nous dirons pour une pile s'appliquait exactement aux autres piles.

Les parties inférieures des piles ont pu être montées par des moyens assez simples et sans autres appareils que des bigues munies de treuils de levage. Ces bigues qui ont atteint une hauteur de 22 mètres étaient composées de

Fig. 9. — Les montants de la Tour édifiés en porte-à-faux. — Vue des premiers échafaudages. — État des travaux le 10 octobre 1887. (D'après une photographie de M. Jacques Ducom.)

longues pièces de bois assemblées à leur sommet, présentant assez bien la forme d'un A majuscule élancé. Un treuil dans le bas, une poulie à la partie supérieure dans laquelle se retournait la chaîne du treuil qui s'accrochait à la pièce à soulever, et l'appareil était constitué.

Les tronçons de montants, qui sont des morceaux en

Fig. 10. — Un des quatre montants d'une pile de la Tour. (D'après une photographie de l'auteur.)

forme de caissons de 0^{m},80 de côté et qui pèsent 2500 à 3 000 kilogrammes l'un, ont été successivement montés ainsi sur place bout à bout; le tronçon en montage, aussitôt arrivé à sa position, était réuni au tronçon précédent par des broches, puis par des boulons. Après les caissons des montants, venaient les treillis et les entretoises qui, en réunissant les portions de montants déjà levées, leur donnaient leur réglage de position relative, et en même temps les consolidaient par la formation d'un tout indéformable.

Derrière les équipes de monteurs venaient les équipes de riveurs qui substituaient aux boulons placés provisoire-

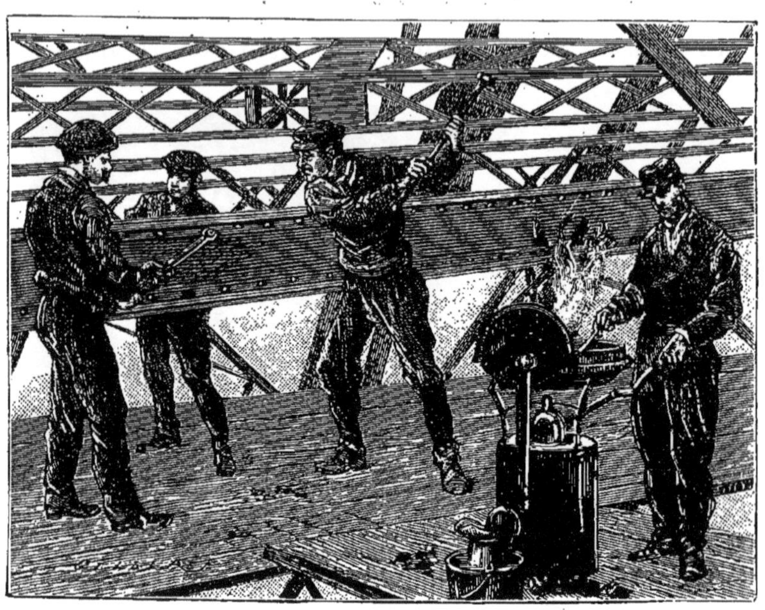

Fig. 11. — Une équipe de riveurs à la Tour de 300 mètres.

ment aux joints, des rivets posés à chaud et formant la véritable et définitive liaison des pièces entre elles (fig. 11).

Quand l'ensemble ainsi constitué a dépassé la hauteur de 15 mètres, l'emploi des bigues a cessé d'être avantageux et l'on a dû recourir à l'emploi d'engins mécaniques plus perfectionnés, constitués par des grues spéciales.

IV

L'ÉCHAFAUDAGE ET LES GRUES DE MONTAGE

La forte inclinaison des piles de la Tour avant d'arriver au premier étage tendait naturellement à produire leur renversement, mais cette tendance ne pouvait avoir d'effet que lorsque la pile était déjà arrivée à une certaine hauteur, telle qu'alors la projection du centre de gravité des masses dressées tombait en dehors du carré des appuis formant la base de la pile entière.

Le calcul a montré que cette hauteur était de 25 mètres environ, de sorte que, jusqu'à cette cote, le montage de la pile inclinée s'est effectué, au point de vue de la stabilité, comme s'il s'était agi de monter une pile verticale.

Disons cependant, qu'outre la sécurité théorique que l'on puisait dans les résultats du calcul, on avait encore en plus la garantie pratique résultant de la présence des tirants d'amarrage définitifs de la Tour qui étaient plus que suffisants, le cas échéant, pour s'opposer à tout mouvement.

L'opération du montage a marché dans les conditions prévues et est arrivée, sans le moindre incident, à la hauteur de 30 mètres en novembre 1887.

Le poids des pièces mises en place à cette époque dépassait 1 450 000 kilogrammes, et le nombre des rivets posés au chantier était d'environ 110 000.

A cette hauteur de 30 mètres, finissait, en quelque sorte, une première étape des opérations du montage : pour continuer, il fallait recourir à des dispositions nouvelles dont la préparation s'effectuait, du reste, pendant que la première phase se poursuivait.

Voici à quels moyens M. Eiffel s'est arrêté : il a établi des échafaudages en charpente, de 30 mètres de hauteur, implantés de façon à pouvoir soutenir à leur sommet les trois montants intérieurs de chaque pile, le quatrième montant ne pouvant être soutenu puisque sa projection tombait dans l'emplacement même de la pile ; il n'était pas nécessaire, du reste, de soutenir ce quatrième montant, sa liaison intime et rigide avec les trois autres montants suffisant pour permettre son montage sans appui intermédiaire[1].

Ces grands échafaudages ou pylônes, de forme pyramidale, ont été établis sur des pilotis battus au refus ; on était donc sûr qu'aucun tassement n'était à craindre. La réunion des arbalétriers formait au sommet du pylône une plateforme sur laquelle on pouvait installer des boîtes à sable, identiques à celles que l'on emploie dans les décintrements de ponts.

Une console accessoire était greffée sur le montant de

1. On a souvent dit qu'il y aurait des difficultés à exécuter les travaux à de grandes hauteurs, et quelques journaux ont publié les récits les plus fantaisistes au sujet du montage des pièces métalliques. Nous croyons devoir reproduire à ce sujet ce que M. Eiffel disait à cette époque en réponse à ces objections peu sérieuses : « Je n'aurai pas d'équipes spéciales, a dit l'éminent ingénieur, je n'ai nullement dressé des ouvriers, et toutes les inquiétudes qui ont été manifestées ne reposent sur aucun fondement. On craint qu'on ne trouve pas d'ouvriers résistant suffisamment au vertige pour pouvoir effectuer les montages, mais les expériences que j'ai faites détruisent absolument toute incertitude à cet égard. J'ai monté les deux plus hauts viaducs métalliques qu'il y ait en France, l'un, le viaduc de la Tardes, près de Montluçon, qui est à 80 mètres au-dessus du sol, l'autre, le viaduc de Garabit dans le Cantal, qui est à 124 mètres. Mes ouvriers, qui travaillaient absolument dans le vide et en porte-à-faux, n'avaient en aucune façon le vertige. Étaient-ce des ouvriers spécialement dressés ? En aucune façon. C'étaient

pile et présentait une surface horizontale reposant sur les boîtes à sable et constituant ainsi l'appui de la pile en fer sur l'échafaudage en bois. Cet appui obtenu, on continua le montage en porte-à-faux de la pile jusqu'à la hauteur du premier étage de la Tour; la partie inférieure de la pile servant de contre-poids à la partie qui restait à monter, aucun basculement n'était à craindre. Les boîtes à sable constituaient un moyen de réglage, permettant, le cas échéant, de rétablir la position rigoureuse des parties de la construction en cas de déviation quelconque. S'il s'agissait d'abaisser quelque peu la pile, on faisait écouler du sable des boîtes en quantité suffisante, et le point d'appui de la pile, cédant de la quantité voulue, devait s'incliner. S'il avait été, au contraire, besoin de relever la pile, on pouvait y parvenir sans peine par l'action de vérins puissants agissants sur la console provisoire et prenant leur appui sur la plate-forme supérieure du pylône.

Ainsi, aux moyens de réglage des appuis inférieurs venaient s'ajouter ceux de la boîte à sable et des vérins placés au sommet des pylônes. On était donc à chaque instant toujours maître de la position rigoureuse des pièces.

Dans la construction des douze pylones que nous venons de décrire, il n'est pas entré moins de 600 mètres cubes

pour la plupart de simples paysans, des ouvriers qui s'étaient très vite habitués à travailler à ces hauteurs; il y avait parmi eux de très jeunes ouvriers. Tous les ingénieurs qui suivaient ces travaux, et moi-même, nous ne songions pas à éprouver une appréhension quelconque. C'est une erreur absolue de croire que cette tendance au vertige augmente avec la hauteur; c'est le contraire qui a lieu. Tous ceux qui ont monté en ballon, même en ballon captif, le savent bien; de plus, dans la Tour, les ouvriers ne travailleront pas dans le vide, comme aux deux viaducs dont il vient d'être question, ils se tiendront sur un plancher de 15 mètres de côté, où ils seront aussi tranquilles que sur terre. On voit à quel point toutes ces craintes sont chimériques. Évidemment, les gens du monde ont pu exprimer une inquiétude en pensant que des travaux pourraient être exécutés à 250 ou 300 mètres, mais quand ils sauront qu'il y aura un plancher de quinze mètres de côté, ils comprendront aisément que les ouvriers n'auront jamais travaillé dans des conditions de meilleurs sécurité. »

de bois. Grâce à ces pylônes, on a pu continuer le montage des piles et les prolonger jusqu'à la hauteur de 50 mètres, hauteur qu'il était nécessaire d'atteindre pour établir les poutres horizontales devant réunir les quatre piles et former l'ossature du premier étage. Notre gravure ci-des-

Fig. 12. — Pylônes de charpente construits jusqu'au premier étage de la Tour. (D'après une photographie de M. Durandelle.)

sous (fig. 12) montre l'ensemble complet des échaffaudage de bois qui n'ont été retirés qu'en juin 1888.

Pour le montage des piles jusqu'au premier étage M. Eiffel a employé des grues pivotantes qui ont été tout spécialement étudiées pour cet objet, et dont voici, en quelques mots une description sommaire : deux poutres parallèles destinées à supporter le chemin de roulement de la cage des ascenseurs avaient été disposées dès l'origine de la construction dans chacun des pieds; M. Eiffel a eu l'idée heureuse de se servir de ces chemins de roulement pour leur faire supporter une ossature en forme de hotte donnant une plate-forme horizontale pour recevoir une grue et fournissant en même temps les points d'attache du pivot.

La grue avait une portée de 12 mètres, suffisante pour desservir chacun des quatre montants de la pile; la pièce à poser était amenée par le mouvement combiné de rotation

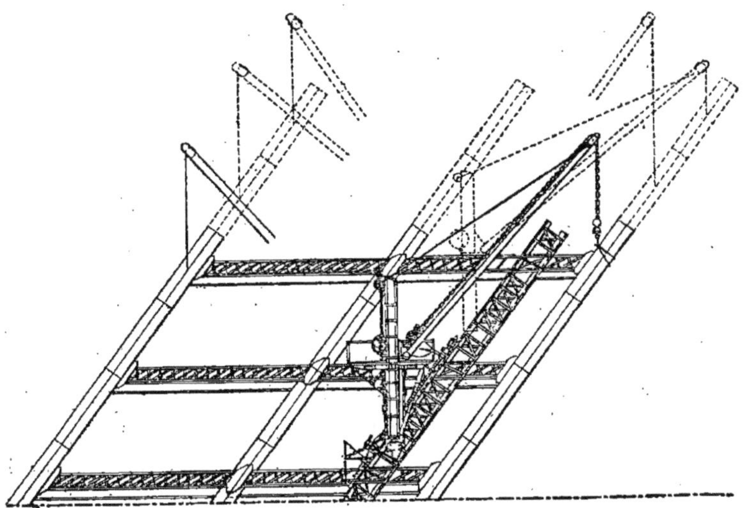

Fig. 13. — Schéma du système de grue de montage de la Tour jusqu'au deuxième étage.

de la grue et d'élévation de son treuil au point précis où elle devait être mise en place (fig. 13 et 14).

Quand la grue avait opéré ainsi pour un étage de tronçons, on la hissait en s'accrochant aux tronçons qu'elle venait de monter et on l'amenait à la hauteur voulue pour monter un nouvel étage de tronçons; cette ascension de la grue se faisait par reprises successives de 2^{m},50 et de la façon la plus sûre à l'aide d'une grosse vis.

Le poids des pièces que soulevait la grue était de 4 000 kilogrammes. Sa portée était variable par le relèvement de sa volée; elle pouvait donc desservir tous les points du plan de pose.

Cette grue était nantie de tous les appareils de sûreté nécessaires. Engin puissant et docile, grâce auquel le montage marchait méthodiquement avec une rapidité qui dépassait même ce qu'on en attendait. Son poids était de 12 000 kilogrammes. Chaque pile était munie d'une grue semblable.

Ces appareils ont servi jusqu'à 150 mètres de hauteur; comme l'inclinaison des montants de la Tour varie et diminue à mesure qu'on s'élève, on a rendu le pivot mobile autour d'un axe horizontal, de manière à pouvoir toujours, grâce à une vis de réglage, la maintenir dans la position verticale; malgré les particularités qui rendraient ici l'emploi de la grue très difficile, on est arrivé à l'utiliser dans d'aussi bonnes conditions que si elle fonctionnait à terre et comme une grue fixe.

Dans la deuxième phase du montage, il s'agissait, les piles étant arrivées à 55 mètres de hauteur, de mettre en place le premier rang des poutres horizontales destinées à les réunir à leur partie supérieure.

Ces poutres ont $7^{m},50$ de hauteur et pèsent chacune 70000 kilogrammes; de plus elles sont inclinées selon le plan des têtes de la Tour; ces conditions, jointes à la grande hauteur où il a fallu les fixer, rendaient le problème assez délicat pour nécessiter l'emploi de nouveaux échafaudages.

Ils étaient verticaux, composés chacun de trois fermes en charpente de 45 mètres de hauteur avec contrefiches au sommet pour donner une plate-forme de 25 mètres de longueur. Il y avait quatre échafaudages semblables, un pour chaque face de la Tour.

Les pièces métalliques devant constituer la partie centrale de chaque poutre ont été montées sur la plate-forme, et le

Fig. 14. — Vue d'ensemble d'une des grues de montage employée jusqu'à 150 mètres de hauteur.

montage ainsi amorcé a continué à droite et à gauche de manière à venir rejoindre chacune des piles voisines. Ce montage a été fait en porte-à-faux par le procédé que M. Eiffel a déjà employé avec succès, notamment aux ponts de Cubzac et de Szegedin.

Ce travail, conduit simultanément pour chaque face de la Tour, a donné alors un cadre horizontal puissant sur lequel se sont reportées les poussées dues à l'inclinaison des quatre piles; c'est alors que l'on a pu enlever tous les échafaudages, aussi bien les pylônes de 25 mètres que ceux de 45 mètres et abandonner la partie métallique à elle-même.

La partie résistante du premier étage de la Tour a été alors constituée. Un grand pas s'est trouvé avoir été fait à la fin de 1887.

Le nombre d'ouvriers alors employé au chantier de la Tour était de 250. Vingt équipes de riveurs y travaillaient constamment.

C'était alors un beau et grandiose spectacle que celui du chantier de la Tour de 300 mètres; il faisait pressentir l'immense intérêt que devait présenter le monument lorsqu'il serait complètement achevé. Le peuple parisien se passionnait pour cette étonnante entreprise, et tous les dimanches, déjà à partir de novembre 1887, le pont d'Iéna et le quai dans le voisinage du Champ de Mars étaient couverts de la foule des curieux qui suivaient les progrès de la construction. La foule redoubla de curiosité quand on vit que le premier étage terminé allait former un nouveau chantier.

M. Eiffel ne recevait pas seulement alors les approbations de la masse; les éloges des ingénieurs lui étaient aussi adressés de toutes parts. Il convient de citer ici quelques passages d'un Rapport que M. Contamin allait bientôt publier sur la situation des travaux de la Tour :

« La commission officielle a pu juger, le 3 mai 1887, au moment de sa visite aux travaux en cours pour établir les fondations de cette immense construction, combien, au point de vue des dispositions adoptées, de la qualité des matériaux employés, du fini du travail et de la direction générale de l'entreprise, on pouvait rendre hommage aux efforts développés par M. Eiffel pour établir un bon système de fondations.

« Nous sommes heureux de pouvoir déclarer que les mêmes éloges peuvent être adressés à cet éminent ingénieur pour la manière dont il a continué, depuis, à conduire ses travaux. Les fouilles et travaux de maçonnerie, commencés dans les derniers jours du mois de janvier 1887, ont été terminés à la fin du mois de juin de la même année. Cinq mois ont suffi pour remuer 48 000 mètres cubes de terre, et pour construire 14 000 mètres cubes de maçonnerie.

« La partie métallique, actuellement construite, diffère par plusieurs points des dispositions prévues au projet qui vous a été présenté. M. Eiffel a tenu compte, tout d'abord, dans les études soumises pour exécution à la direction des travaux, des modifications demandées dans votre rapport, en date du 12 juin 1886; puis il a modifié, en les améliorant, les dispositions projetées pour l'établissement des planchers et galeries du premier étage. »

Les ingénieurs et les savants étrangers adressaient aussi de toutes parts des félicitations au constructeur de la Tour de 300 mètres, à mesure que son entreprise avançait vers le but de l'achèvement final.

Fig. 15. — État des travaux de la Tour en janvier 1888. — Aspect d'un montant de la Tour à sa partie supérieure. (D'après une photographie de M. Durandelle.)

V

LES PRESSES HYDRAULIQUES, LE CHANTIER DU DEUXIÈME ÉTAGE ET LES MONTAGES ÉLEVÉS. — LE CAMPANILE ET LE PHARE

Suivant les prévisions de M. Eiffel, la partie résistante du premier étage a été terminée au commencement de l'année 1888, et pas un accident n'est venu troubler l'exécution de cette entreprise unique dans l'histoire des constructions métallurgiques. Cette précision, nous ne saurions trop le répéter, a sa raison d'être, et ce n'est point le fait d'un heureux hasard. Tout a réussi à souhait, parce que tout a été étudié, prévu, calculé.

Après les détails que nous avons donnés précédemment nous ferons connaître à nos lecteurs un organe mécanique des plus curieux, le fameux vérin qui permet de soulever les pieds de la Tour. Quelques explications préliminaires sont nécessaires.

La Tour repose sur le sol au moyen de quatre pieds ou montants de section carrée. Chacun d'eux est constitué, à son tour, par quatre arbalétriers qui forment les arêtes du montant et qui sont reliés entre eux par des barres de treillis et des entre-toises entièrement ajourées. Quant à ces arbalétriers, ce sont des caissons très robustes offrant une section carrée de $0^{m},80$ de côté et dont les parois en tôle pleine et épaisse sont raidies par des cornières d'angle et des membrures. C'est par l'intermédiaire des arbalétriers que le poids de la construction est réparti sur les fondations.

Comme il y a, en tout, 16 arbalétriers, 4 par pied, et que la Tour pèse avec toutes les surcharges environ

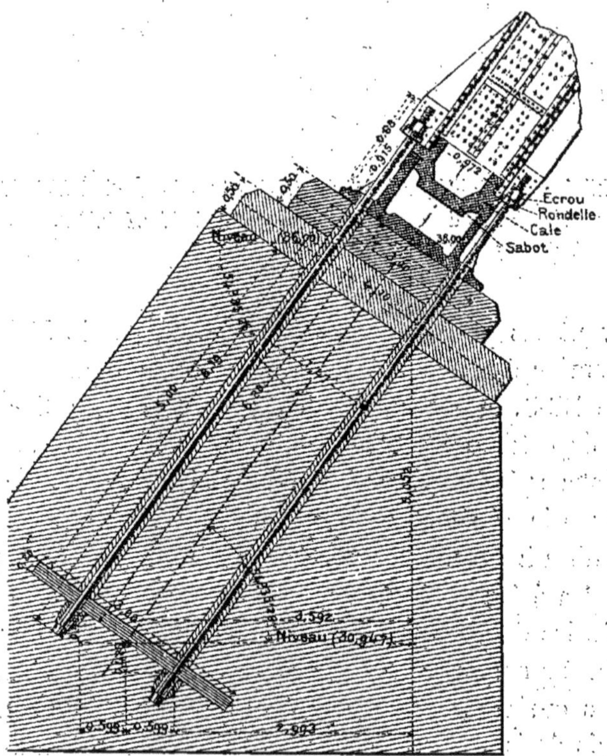

Fig. 16. — Coupe d'un pilier de l'un des montants de la Tour de 300 mètres
Détail des vérins avec sabots et cales.

10 millions de kilogrammes, on voit que le poids supporté, par chaque arbalétrier, est de 500 000 kilogrammes, mais à la condition expresse que la pression se répartisse également sur chacun d'eux; car, s'il en était autrement, un arbalétrier arriverait à porter beaucoup plus que les autres, ce qui pourrait devenir dangereux.

Fig. 17. — Manœuvre du vérin ou presse hydraulique destiné à soulever un des montants de la Tour pour y poser des cales et vérifier l'assemblage.

Pour que cette égale répartition soit obtenue, il est essentiel que tous les arbalétriers soient exactement montés et qu'ils portent de la même manière sur leurs fondations; il faut, pour nous servir d'une comparaison familière, que la Tour soit comme une table dont les quatre pieds seraient *bien calés*.

A cet effet, elle est construite de manière à permettre un réglage parfait de ses arbalétriers. Ceux-ci portent, à leur extrémité inférieure, une pièce d'acier en forme de chapeau qui pénètre dans l'intérieur du sabot de fondation et s'appuie, par ses bords, sur le contour de ce sabot (fig. 16 et 17). C'est entre les bords du chapeau et le sabot que l'on vient interposer les cales en fer destinées à régler la position exacte de l'arbalétrier.

Pour faire cette opération, on introduit dans l'intérieur du sabot, par l'ouverture carrée ménagée dans l'une de ses parois, un vérin ou presse hydraulique d'une grande puissance dont le piston, en s'élevant, vient pousser le fond du chapeau en acier et, par cela même, soulever l'arbalétrier, ce qui permet d'augmenter ou de diminuer le nombre des cales de réglage.

Le vérin se compose d'un piston de 0m,430 de diamètre qui se meut dans un cylindre de 95 millimètres d'épaisseur correspondant à un diamètre extérieur de 0m,620 (fig. 18). Piston et cylindre sont en acier forgé. L'eau pénètre dans le fond du cylindre par un tuyau de 6 millimètres de diamètre. Cette eau est comprimée par une pompe foulante que des hommes actionnent au moyen d'un levier. Le poids normal qu'un vérin est capable de soulever est de 800 000 kilogrammes. Chaque vérin a été essayé avant de sortir des ateliers des constructeurs : MM. Vollot, Badois et Cie, à une pression de 600 atmosphères, qui correspond à un poids de 900 000 kilogrammes environ.

Dès que la construction de la tour est arrivée au deuxième

étage, c'est-à-dire à une hauteur de plus de 115 mètres ; les quatre piliers ont été reliés, comme ils ont été au premier étage, par une ceinture de poutres horizontales.

En même temps que le montage des piliers entre le premier et le second étage, on a effectué, la mise en place des arcs décoratifs sur les quatre faces de la Tour, ainsi que la pose des consoles qui supportent les galeries extérieures du premier étage. On a démonté les quatre grands échafaudages qui avaient été établis pour la pose

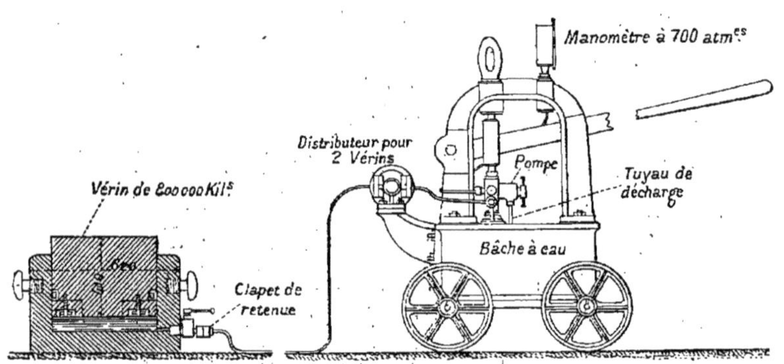

Fig. 18. — Détail du vérin.

des poutres horizontales et pour le montage de ses arcs, ainsi que les pylônes en charpente qui soutenaient les piliers en porte-à-faux avant qu'ils ne fussent reliés à la hauteur du premier étage.

Le montage des piliers entre le premier et le second étage s'est effectué très rapidement par la même méthode que celle qui a été adoptée depuis le sol jusqu'au premier étage, c'est-à-dire que le levage des pièces a été fait au moyen de quatre grues fixées sur les poutres des ascenseurs qui constituent leurs chemins d'ascension.

Des dispositions nouvelles ont cependant été prises à partir du premier étage pour le levage des pièces. Comme

Fig. 19. — Grue de montage d'un des piliers après la construction du premier étage. (D'après une photographie de M. Poyet.)

il aurait été trop long de prendre les pièces sur le sol au moyen des grues disposées dans les piliers pour les amener jusqu'à la hauteur où elles doivent être mises en place, M. Eiffel a songé à créer un relais sur le plancher du premier étage; et, à cet effet, il a installé sur ce plancher une grue mue par une locomobile de six chevaux.

Les pièces prises sur le sol au moyen de cette grue étaient levées à la hauteur du plancher et déposées sur des wagonnets qui, par une voie circulaire convenablement installée, desservait les quatre pieds; les pièces étaient ainsi conduites à l'emplacement même où elles devaient être prises par les grues installées sur les piliers. Notre figure 19 montre une de ces grues des piliers, au moment où elle amène à la partie supérieure de l'un d'eux la pièce métallique à poser, qu'elle a prise au relais du premier étage. Une autre gravure (fig. 20) montre l'ensemble du chantier du premier étage, avec l'aspect d'un des quatre piliers de la Tour. On voit à droite du dessin l'abri sous lequel se trouvait la locomobile et une partie des voies de chemin de fer et du plancher.

Lorsqu'on arriva à préparer la jonction des quatre piliers deux à deux, par les poutres horizontales situées au-dessous du second étage, on constata entre les écartements des piliers, comme cela s'était déjà présenté au moment de la mise en place des poutres du premier étage, une légère différence qu'il fallait corriger.

Cette différence provenait de ce que les deux piliers situés du côté de Grenelle étaient un peu plus hauts que les deux autres, de 5 à 6 millimètres environ. Comme les pièces ne devaient pas être modifiées sur place, et que les trous d'assemblage ne devaient pas être agrandis, on a corrigé ce très faible écart en abaissant et en écartant en même temps de quelques millimètres les deux piliers du côté de Grenelle. Cette opération a été faite au moyen des vérins hydrauliques dont nous avons donné la description.

A partir du deuxième étage, le travail a subi des modifications importantes. Les quatre grues servant à élever les parties constitutives de la Tour s'appuyaient et s'élevaient successivement sur les chemins de roulement inclinés des ascenseurs.

A partir du second étage de la Tour, par suite du changement de système des ascenseurs, ces chemins de roulement n'existaient plus. D'un autre côté, la section horizontale de la Tour allant constamment en diminuant et les quatre grands pieds se trouvant, à partir du second étage, confondus pour former une seule pyramide quadrangulaire à faces courbes, il n'était plus nécessaire de conserver les quatre grues qui avaient dû fonctionner jusqu'alors ; il suffisait de prévoir le fonctionnement de deux de ces grues seulement, pour assurer la bonne marche du montage.

Pour servir de supports à ces grues, en remplacement des chemins de roulement des ascenseurs, M. Eiffel a utilisé les piliers verticaux qu'il a établis depuis le second étage jusqu'au sommet de la Tour pour servir définitivement au guidage des ascenseurs du système Edoux qui fonctionneront dans cette partie de l'ouvrage.

Deux des anciennes grues, modifiées convenablement, de manière à pouvoir être hissées sur un chemin vertical, ont été fixées sur les deux faces opposées du pilier central des ascenseurs, de manière à se faire ainsi réciproquement équilibre ; comme la surface d'appui que représentait le pilier par rapport au patin d'appui de la surface des grues eût été beaucoup trop faible si on avait établi le contact direct, on a constitué un jeu de cadres ayant chacun 5 mètres de hauteur et une largeur suffisante pour que, sur la bordure verticale de chaque cadre, on ait pu boulonner les

Fig. 20. — Ensemble du chantier du premier étage de la Tour, en août 1888.
(D'après une photographie de M. Poyet.)

patins des grues (fig. 21). Trois cadres ainsi superposés jointivement formaient un chemin vertical de 9 mètres de hauteur sur lequel la manœuvre des grues à l'aide des vis de relevage pouvait se produire dans les conditions que nous avons expliquées précédemment.

Quand une grue avait parcouru ainsi un jeu de cadres de 9 mètres, et qu'il était nécessaire de procéder à son relevage, on disposait un autre jeu de trois cadres au-dessus des premiers; on remontait la grue, et les trois premiers cadres inférieurs, devenus ainsi disponibles, pouvaient être reportés pour la marche en avant au-dessus des cadres en service. Notre gravure d'ailleurs montre avec tous ses détails comment cette installation était réalisée. Toutes les mesures de précaution qui avaient été précédemment prises se retrouvent là, notamment les vérins de sûreté placés sous le châssis de la grue, de grands cadres horizontaux réunissant les hottes des deux grues l'une à l'autre, de manière qu'en cas de rupture de boulons aucun renversement des grues n'ait pu se produire par rotation. L'installation était telle que les grues, sans changer d'altitude, pouvaient monter tout un panneau.

Le relevage des grues, pour préparer le montage du panneau suivant, y compris le changement des six cadres correspondants, n'exigeait que quarante-huit heures, temps assurément fort court si l'on considère qu'il s'agissait de déplacer par reprises successives un ensemble d'engins dont le poids total atteignait 45000 kilogrammes.

Nous avons dit précédemment qu'un relais pour le levage des pièces, actionné par une locomobile de huit chevaux, avait été installé au premier étage de la Tour; pour le montage de la partie supérieure au deuxième étage, un nouveau relais, au moyen d'une seconde machine à vapeur, a été également installé au deuxième étage, de sorte que les grues de montage dont nous venons de parler prenaient les pièces sur la plate-forme du deuxième étage pour les lever et les mettre directement en place.

Un plancher intermédiaire étant disposé à la hauteur de 197 mètres pour servir de changement de cabine pour l'ascenseur qui conduit du deuxième étage au sommet de la Tour, on a profité de ce plancher pour y installer une troisième machine à vapeur actionnant un treuil fournissant ainsi un troisième relais de levage des pièces.

Le montage pour la construction finale de la Tour a été combiné de la façon suivante : un treuil à vapeur installé au premier étage opérait le levage des pièces depuis le sol jusqu'à cet étage; un deuxième treuil à vapeur, installé au second étage, reprenait les pièces du premier étage et les élevait jusqu'au deuxième; enfin un troisième treuil à vapeur, installé sur le plancher intermédiaire, à 197 mètres au-dessus du sol, prenait les pièces au second étage, et les élevait jusque sur ce plancher intermédiaire; c'est là que les pièces étaient élevées directement par les grues de montage supérieures, pour être mises enfin à la place qu'elles devaient définitivement occuper.

La construction de la Tour de 300 mètres a été entièrement terminée le 30 mars 1889. Le lendemain 31 mars, a eu lieu la cérémonie officielle d'inauguration, et M. Eiffel a hissé le drapeau tricolore à 300 mètres d'altitude au sommet extrême du monument.

La partie supérieure du monument se termine par des consoles en encorbellement qui supportent le campanile et le phare dont nous allons donner la description succincte. A la partie inférieure du campanile (fig. 22) est construite la galerie couverte où arriveront les visiteurs. Cette galerie a 16 mètres de côté, elle peut contenir 800 personnes. Elle est garnie tout autour de châssis vitrés, mobiles, qui peuvent être ouverts ou fermés à

Fig. 21. — Disposition des grues de montage de la Tour au-dessus de 200 mètres de hauteur. Décembre 1888.

volonté. La fermeture des châssis est nécessaire par les grands vents.

Au-dessus de la galerie destinée au public se trouvent une série de salles qui sont exclusivement réservées à des études scientifiques. Le monument de M. Eiffel se prêtera, comme nous allons l'indiquer un peu plus loin, à une multitude de recherches, et il est peu de savants aujourd'hui qui n'aient à se proposer d'y réaliser quelque expérience.

La partie extrême de la Tour, ou campanile, est formée par quatre caissons à treillis, orientés suivant les diagonales de la section carrée de la Tour. Ces arceaux supportent le phare qui a une puissance égale à celle des feux de première classe établis sur nos côtes pour le service de la marine. On peut accéder à ce phare par un petit escalier tournant monté au milieu des arceaux métalliques. Ce phare lance ses feux tout autour de Paris, sur les différents points de la surface d'un cercle de 70 kilomètres de rayon; en outre, deux appareils projecteurs de grande puissance permettent de diriger des faisceaux lumineux sur les monuments de Paris. Pendant la nuit, de telles expériences grandioses sont d'un effet incomparable.

Au-dessus de la coupole du phare, il y a encore une petite terrasse de $1^{m},40$ de diamètre avec un garde-corps métallique; on y monte par une échelle extérieure à la lanterne. Cette terrasse, qui se trouve à 300 mètres d'altitude au-dessus du sol, est spécialement destinée aux anémomètres et aux appareils météorologiques, qui nécessitent un isolement complet, et qui doivent être placés hors du voisinage de tout obstacle latéral.

M. Eiffel a bien voulu nous inviter à inaugurer le monument lors de la cérémonie de la pose du drapeau le 31 mars 1889. En montant jusqu'en haut de l'édifice, nous ne cessions de nous rappeler toutes les visites antérieures que nous avions faites dans le chantier, et nous constations encore une fois avec quelle science toutes les opérations avaient été conduites. Ces méthodes scientifiques sont absolument françaises. — M. Max de Nansouty, dans le *Génie civil*, l'a fort bien fait comprendre en comparant les travaux du grand pont de Forth en Angleterre avec ceux de la Tour de 300 mètres :

« C'est dans le montage proprement dit (fait remarquer M. de Nansouty) que se trouve la véritable différence de méthode. Pour le pont du Forth, le chantier reçoit les épures d'assemblage en même temps que les éléments des pièces se rapportant au tracé ; c'est aux monteurs à tirer parti de ces pièces simplement préparées et pour lesquelles une grande marge est laissée à l'ajustage et l'assemblage sur place. Ces pièces sont présentées à la place qu'elles doivent occuper et elles y sont fréquemment retaillées et même repercées ; les trous de rivets peuvent être alésés si la broche montre l'absence de concordance ; les fourrures, les goussets jugés nécessaires sont tracés et découpés sur place et donnent lieu à une certaine initiative ainsi qu'à l'emploi d'un outillage varié et compliqué qui exige une certaine puissance mécanique.

« Le chantier de la tour Eiffel est, au contraire, indépendant des travaux du bureau des études ; il ne possède aucun outillage pour percer, aléser ou cintrer sur place. Toutes les pièces de l'édifice arrivent à pied d'œuvre entièrement terminées. La pièce a son numéro d'ordre et doit s'adapter à la pièce précédente avec une précision mathématique ; si les trous des rivets ne concordaient pas, le chef monteur la renverrait à l'atelier.

« Il serait difficile *a priori* d'indiquer quel est le système qui doit donner les meilleurs résultats. Il est certain cependant que la méthode de M. Eiffel a l'avantage de ne rien laisser à l'imprévu ni aux incertitudes de devis. »

Fig. 22. — La campanile et le phare de la Tour de 300 mètres.

VI

LES ESCALIERS ET LES ASCENSEURS

Après avoir décrit l'immense monument depuis ses fondations jusqu'à son sommet, il nous reste à parler à présent des moyens qui permettent d'en faire l'ascension; nous allons avoir à présenter successivement à nos lecteurs les escaliers et les ascenseurs.

Les escaliers. — A chacune des piles est et ouest sont disposés des escaliers droits de 1 mètre de largeur, avec de nombreux paliers, donnant un accès très facile jusqu'au premier étage.

M. Eiffel estime que, en affectant l'un des escaliers à la montée, l'autre à la descente, ils pourront très facilement servir à la circulation de plus de 2000 personnes à l'heure.

Au delà du premier étage et jusqu'au deuxième, on a disposé, dans chacune des quatre piles, un escalier hélicoïdal de $0^{m},60$ de largeur; deux de ces escaliers sont affectés à l'ascension des visiteurs et les deux autres à la descente (fig 23). Ils assureront également la circulation d'environ 2000 personnes à l'heure. Du deuxième étage jusqu'au sommet est disposé un escalier hélicoïdal d'une hauteur de 60 mètres qui ne sera pas mis à la disposition du public et qui sera simplement un escalier de service.

Sur la plate-forme du premier étage, dont la surface est de 2400 mètres carrés, est disposée une galerie ouverte à arcades destinée aux visiteurs qui voudront jouir de la vue de Paris et de ses environs ainsi que celle de l'Exposition. Ce promenoir a un développement de 283 mètres et une

Fig. 23. — Escalier hélicoïdal de la Tour.

largeur de $2^m,60$. En outre, quatre salles sont affectées à des restaurants ou à des brasseries et pourront contenir chacune 500 à 600 personnes environ.

Au deuxième étage, dont la surface est de 1400 mètres, règne, sur le pourtour extérieur, une galerie couverte for-

Fig. 24. — Mécanisme de l'ascenseur Roux-Combaluzier et Lepape. — A. Détail de la gaine des pistons.

mant un deuxième promenoir dont le développement est de 150 mètres et la largeur de $2^m,60$. La partie centrale est principalement destinée à servir de gare de passage

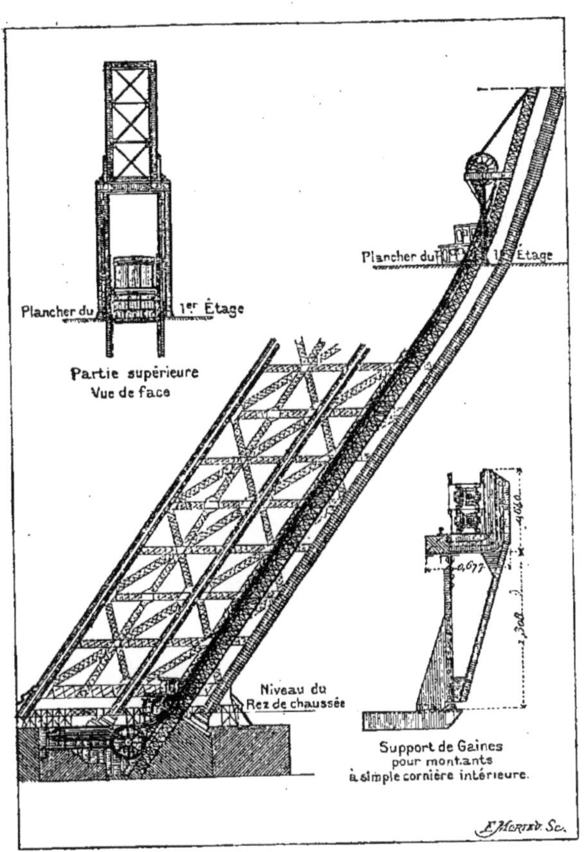

Fig. 25. — Ensemble de l'ascenseur Roux-Combaluzier et Lepape.

entre les ascenseurs inclinés inférieurs et les ascenseurs verticaux supérieurs.

Au troisième étage, on trouve la grande salle de 18 mètres de côté fermée par des glaces, dont nous avons parlé dans notre précédent chapitre.

Les ascenseurs. — Indépendamment des escaliers, l'ascension est facilitée par un certain nombre d'ascenseurs de différents systèmes :

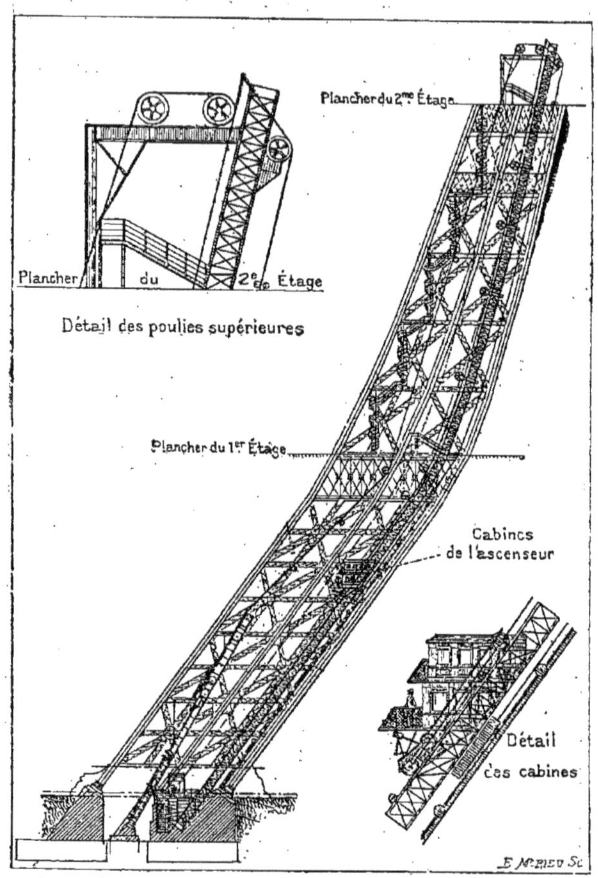

Fig. 26. — L'ascenseur Otis. — Ensemble du système.

1° Le système Roux, Combaluzier et Lepape.
2° Le système Otis.
3° Le système Edoux.

Du sol jusqu'au premier étage, il y a quatre ascenseurs,

savoir : deux du système Roux-Combaluzier et Lepape, et deux du système Otis. Du premier étage jusqu'au deuxième,

Fig. 27. — Coupe des cabines de l'ascenseur Otis.

l'ascension s'effectue au moyen des deux ascenseurs Otis, dont la course se continue jusqu'à cet étage. Enfin, du deuxième étage jusqu'à la plate-forme supérieure au-dessous du campanile, est installé un ascenseur du système Edoux.

Ascenseurs Roux, Combaluzier et Lepape. — MM. Roux-Combaluzier et Lepape ont songé, pour la construction des ascenseurs de la Tour, dont la course s'opère le long de l'un des montants suivant une ligne inclinée et de courbure variable, à fractionner le piston rectiligne et rigide des ascenseurs ordinaires, et à constituer ce piston par une série de tiges qui viennent s'articuler les unes aux autres et forment ainsi un piston articulé (fig. 24 et 25). Cet organe agit par compression comme un piston ordinaire, et il est renfermé dans une gaine qui s'oppose à tout déplacement latéral. Cette gaine en fer est munie de nervures qui servent de chemin de roulement aux galets de guidage dont la tête de chaque tige articulée est munie.

Cette grande chaîne rigide est actionnée par une roue à empreintes située au niveau du sol et autour de laquelle elle s'enroule, à la façon d'une chaîne de drague, de manière à former une chaîne sans fin supportée par une poulie à la hauteur du premier étage.

L'une des parois de la cabine est reliée à l'un des brins de cette chaîne et suit son mouvement; l'autre paroi est reliée à une chaîne semblable. La cabine est donc entraînée par un double système de chaînes, agissant simultanément, à la façon du piston des ascenseurs ordinaires, et, en outre, la plus grande partie du poids des chaînes et de la cabine se trouve naturellement et constamment équilibrée par suite de la disposition en chaînes sans fin; de plus, en cas de rupture dans la chaîne des pistons, tous les éléments se trouvant emprisonnés dans une gaine rigide, le contact de l'un à l'autre a toujours lieu et empêche ainsi toute chute de se produire : tout au plus un arrêt peut-il avoir lieu.

Le mouvement est imprimé aux chaînes par un double système de pistons plongeurs de 1 mètre de diamètre et 5 mètres de course, sous l'action de l'eau emmagasinée dans des réservoirs placés à 115 mètres de hauteur. Le déplacement des plongeurs est transmis avec un rapport de 1 à 13 à l'extrémité des dents de roues à empreintes,

Fig. 28. — Ascenseur Otis. — Détail du mécanisme inférieur.

par l'intermédiaire de chaînes Galle, conduisant des pignons calés sur l'arbre de ces roues.

La vitesse d'ascension est de 1 mètre par seconde, et la cabine contient 100 voyageurs, qui atteignent ainsi en une minute le niveau de la première plate-forme.

Ascenseur Otis. — Cet ascenseur est du système américain avec un piston hydraulique actionnant une moufle, comme dans les grues hydrauliques Armstrong (fig. 26, 27 et 28).

Un cylindre en fonte, de 0^m, 95 de diamètre et 11 mètres

environ de longueur, est placé dans le pied de la Tour parallèlement à l'inclinaison des arbalétriers; dans ce cylindre, se meut un piston actionné par de l'eau prise dans des réservoirs installés au second étage et par conséquent à une pression de 11 à 12 atmosphères. La tige du piston agit sur un chariot portant 6 poulies mobiles de 1m, 50 de diamètre, chacune de ces poulies correspond à une poulie fixe de même diamètre, de façon à constituer un véritable palan de dimensions gigantesques mouflé à 12 brins.

Le garant de cette énorme moufle passe sur des poulies de renvoi placées de distance en distance jusqu'au-dessus du second étage et redescend s'accrocher à la cabine; il en résulte que, pour un déplacement de 1 mètre du piston dans le cylindre, la cabine monte ou descend de 12 mètres.

Afin d'équilibrer une partie de la charge de la cabine, on fait usage d'un contrepoids qui se déplace en roulant sous le chemin des ascenseurs.

Les câbles en fil d'acier qui suspendent la cabine sont au nombre de six, dont deux sont reliés au contrepoids et quatre appartiennent au système des poulies mouflées. Un seul de ces câbles pourrait supporter, sans se rompre, le poids de la cabine et des voyageurs.

On a placé, en outre, sous la cabine, un frein de sûreté à mâchoires qui fonctionnerait automatiquement en cas de rupture, ou même d'allongement anormal de l'un des câbles. Le contrepoids, qui agit par l'intermédiaire de câbles mouflés trois fois, a une course d'environ 43 mètres; il est également pourvu d'un appareil de sûreté qui rend sa chute impossible.

La cabine de cet ascenseur ne contient que cinquante voyageurs; mais, comme sa vitesse ascensionnelle est de 2 mètres par seconde, soit le double de celle des autres ascenseurs, son rendement peut être le même.

Ascenseur Édoux. — Un plancher intermédiaire, disposé à mi-hauteur entre le second étage et la plate-forme su-

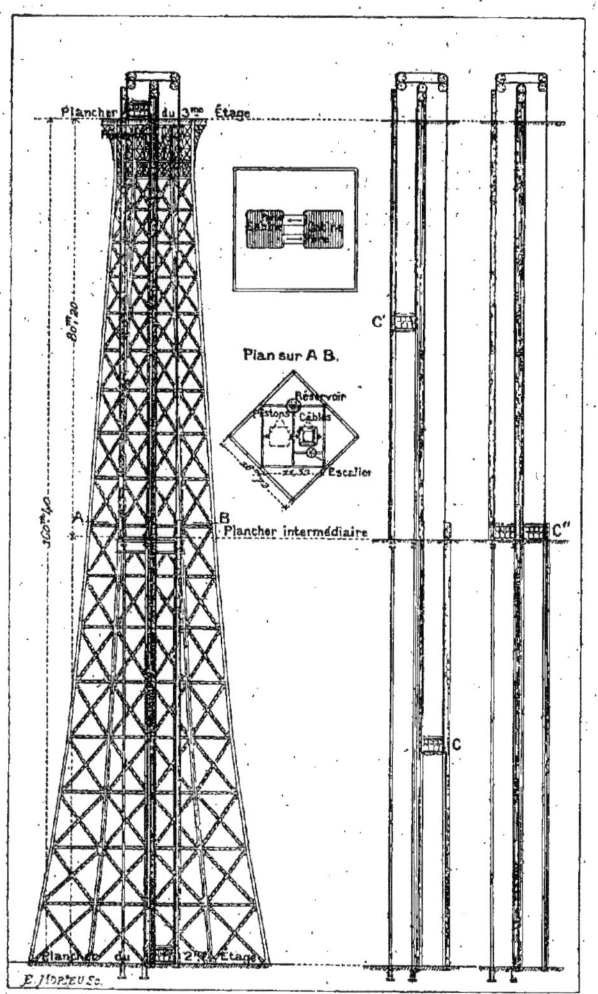

Fig. 29. — L'ascenseur Edoux. — Ensemble du système.

périeure, est le point de départ de l'ascenseur Édoux, c'est-à-dire d'un ascenseur hydraulique vertical à piston plongeur analogue à celui du Trocadéro, dont la cabine est disposée sur l'extrémité de ce piston. Cette cabine effectue le transport depuis le plancher intermédiaire jusqu'à la plateforme supérieure, soit une course de 80 mètres.

Elle est reliée par des câbles à une deuxième, qui forme contrepoids, et qui transporte les voyageurs du deuxième étage jusqu'à ce plancher, intermédiaire sur une hauteur égale de 80 mètres, de manière qu'à l'aide de ces deux cabines, voyageant en sens contraire, et par un simple transbordement à mi-hauteur, on effectue une course totale de 160 mètres. Notre figure 30 montre cette manœuvre de la substitution des voyageurs d'une cabine à l'autre. La figure 29 représente l'ensemble des ascenseurs Édoux, avec la disposition du plancher intermédiaire AB.

Le guidage de l'ascenseur est constitué par une poutre-caisson pleine occupant le centre de la Tour, de 160^{m},40 et par deux autres poutres de sections plus petites, l'une, à gauche, allant du second étage au plancher intermédiaire, et l'autre à droite allant de ce dernier plancher au sommet de la Tour.

La première cabine est portée par deux pistons hydrauliques de 0^{m},52 de diamètre, donnant ensemble une section de 1600 centimètres carrés et se déplaçant dans des cylindres en acier de 0^{m},58 de diamètre. Ces deux pistons sont articulés à leur partie supérieure sur un palonnier, dont le milieu porte la cabine; de cette façon, celle-ci s'élèvera toujours régulièrement, sans être influencée en rien par les légères variations de vitesse des pistons, variations ne pouvant résulter, et cela dans une très faible mesure, que de frottements inégaux aux garnitures des pistons.

De la partie supérieure de cette première cabine et des deux extrémités du palonnier, partent quatre câbles qui, passant sur des poulies établies au sommet de la Tour,

Fig. 50. — Ascenseur Edoux pour aller du deuxième étage au troisième étage de la Tour. — Disposition des cages au plancher intermédiaire pour le transbordement des voyageurs.

soutiennent la deuxième cabine; deux des câbles s'attachent sur un palonnier, au milieu duquel est suspendue cette cabine; les deux autres câbles sont fixés directement au corps de la cabine même et sont destinés à servir de système de sécurité. Cette sécurité est d'autant plus assurée que les câbles ont une section considérable et qu'ils ne travaillent qu'au centième de leur charge de rupture; en effet leur fonction n'est pas simplement d'opérer la traction de la deuxième cabine contrepoids, mais encore de fournir par eux-mêmes un contrepoids variable compensant : chaque instant la perte de poids résultant de l'immersion des plongeurs dans l'eau des cylindres. La première condition ne nécessiterait qu'une faible section, la seconde au contraire conduit à une section beaucoup plus considérable dont bénificie la sécurité.

Les cabines qui doivent pouvoir élever 750 personnes à l'heure, ont une surface de 14 mètres carrés et peuvent contenir environ 65 personnes. La durée d'une ascension, avec une vitesse de 0^{m}, 90 par seconde se décompose ainsi : une minute et demie pour la course de chaque cabine et une minute pour le passage de l'une à l'autre, soit cinq minutes pour un voyage d'aller et retour, ou quatre minutes pour la durée du trajet de la deuxième plate-forme au sommet.

Les deux cylindres moteurs des cabines sont alimentés par un même distributeur, assurant ainsi dans chacun d'eux une admission égale, et donnant pour le piston des déplacements égaux.

Ce distributeur est alimenté lui-même par un réservoir situé au sommet de la Tour et d'une capacité d'environ 20 000 litres.

Un frein très puissant, emprunté au dispositif indiqué par M. Backmann, permet de répondre absolument de tout accident et d'affirmer que, même dans le cas de rupture d'un organe important de l'ascenseur, les visiteurs portés par la cabine n'auraient à redouter aucune chute.

Tous les ascenseurs que nous venons de décrire étant mus par l'eau, comportent l'installation de plusieurs systèmes de pompes à vapeur : les unes du système Girard, pour les ascenseurs Roux et Otis; les autres du système Worthington, pour l'ascenseur Édoux. Ces pompes nécessitent un travail de 300 chevaux.

L'ensemble de ces ascenseurs permet d'élever, par heure, 2350 personnes au premier et au deuxième étage, et 750 personnes au sommet : la durée de l'ascension s'effectue en sept minutes.

En y comprenant les escaliers, il est possible, par l'ensemble des moyens prévus de permettre la visite de la Tour à 5000 personnes par heure[1].

1. Au moment où nous mettons sous presse ce petit livre (4 mai) les ascenseurs ne fonctionnent pas encore. On travaille à leur achèvement avec une grande activité. Nous avons donné la description de ces appareils, d'après les documents qui nous ont été communiqués par M. Eiffel; nos dessins ont été exécutés d'après les plans des constructeurs.

VII

A QUOI SERT LA TOUR EIFFEL? — BEAUTÉ DU MONUMENT. — SON UTILITÉ

On a vu par les pages qui précèdent quelles ont été les difficultés matérielles que M. Eiffel a dû vaincre pour achever son œuvre. Mais comme il arrive souvent pour les grandes entreprises, les difficultés morales n'ont pas été moindres. On se souvient avec quel acharnement on s'est souvent plu à combattre le projet primitif de la Tour de 300 mètres, et l'éminent ingénieur n'a pu arriver à ses fins qu'avec la persévérance et la ténacité qui caractérisent généralement tous les hommes capables de réaliser de grandes choses.

Aujourd'hui, les critiques ne se font plus guère entendre et les ennemis les plus acharnés de l'entreprise ont cessé leurs injustes récriminations.

Que de fois, d'autre part, n'a-t-on pas entendu prononcer ce mot : A quoi sert la Tour Eiffel?

Cette question a été souvent faite à propos de bien des créations nouvelles.

Il suffit, pour y répondre, de rappeler que le monument de fer a été conçu à propos de l'Exposition universelle de 1889. Pour célébrer notre glorieux centenaire, il fallait frapper le monde par quelque construction grandiose qui ne ressemblât à rien de ce qui avait été fait précédemment;

le projet de M. Eiffel se trouvait donc parfaitement justifié par le but à atteindre.

Mais l'œuvre ne doit pas être seulement considérée comme un monument colossal, destiné à attirer la curiosité du public. Il réalise une expérience de construction de fer, d'une importance inusitée, tellement considérable que des ingénieurs compétents, la considérait à l'origine comme absolument irréalisable. L'art de l'ingénieur ne manquera pas d'en tirer de précieux enseignements pour les constructions futures. La Tour Eiffel constitue en quelque sorte une pile de pont gigantesque qui permettra d'entreprendre dans un avenir prochain, des travaux d'utilité publique qui auraient paru naguère, des œuvres absolument chimériques.

La construction de la Tour de 300 mètres est un grand progrès dans l'art des constructions en fer; elle apporte des ressources absolument nouvelles aux ingénieurs et aux architectes. Je me rappelle que lors de l'inauguration du deuxième étage de la Tour, le 4 juillet 1888, M. Hébrard, président du Comité de la presse parisienne, félicitait M. Eiffel de son œuvre, à laquelle il trouvait, en dehors de son intérêt scientifique, un côté artistique, poétique même, par cette légèreté des matériaux qui s'élèvent avec grâce vers les régions du ciel.

Nous ne pûmes nous empêcher de remarquer que cette légèreté de la grande construction métallique dont l'orateur venait de parler au point de vue artistique, est plus qu'apparente. Peu de personnes savent assurément que le sol des fondations de la Tour de 300 mètres ne sera pas plus chargé que celui d'une maison de cinq étages à Paris.

C'est là une des grandes supériorités des constructions métalliques de ce genre. A surface égale, le fer est dix fois plus résistant que le bois, et vingt fois plus résistant que la pierre. En outre, l'élasticité du fer lui permet de résister aussi bien aux efforts de tension qu'aux efforts de compression; aussi son emploi met entre les mains des ingénieurs des ressources absolument nouvelles, dont la Tour de 300 mètres, offre au monde, un des exemples les plus grandioses et les plus remarquables.

La Tour Eiffel ne présente pas seulement un grand intérêt expérimental au point de vue des constructions métalliques. Elle est destinée à rendre des services réels à la science et à la patrie. On peut prévoir dès maintenant les suivants.

1° *Observations stratégiques.* — En cas de guerre, on pourra de cette Tour observer tous les mouvements de l'ennemi, dans un rayon de 60 kilomètres en plongeant au-dessus des hauteurs qui entourent Paris, et sur lesquelles sont placés les nouvaux forts.

2° *Communications par télégraphie optique.* — En cas d'investissement, ou de suppression des lignes télégraphiques ordinaires, on pourra, de ce poste élevé, communiquer par la télégraphie optique à des distances considérables, telles que Paris à Rouen, par exemple, où le second observateur pourra être lui-même placé sur une colline élevée.

3° *Observations météorologiques.* — Un observatoire météorologique isolé à 300 mètres au-dessus du sol, n'existe pas encore, et un grand nombre de questions, notamment la direction et l'intensité des courants atmosphériques jusqu'à cette hauteur, n'a pas encore été mesurée.

4° *Observations astronomiques.* — A cette grande hauteur, la pureté de l'air, et l'absence de brumes qui recouvrent le plus souvent l'horizon de Paris, permettront un certain nombre d'observations à peu près actuellement impossibles en temps ordinaire à Paris.

Pour donner une juste idée de l'intérêt des applications scientifiques de la Tour, nous ne saurions mieux faire que de reproduire l'appréciation d'un de nos plus illustres membres de l'académie des sciences, M. Janssen :

« Il est incontestable, a dit M. Janssen, que c'est au point de vu météorologique que la Tour pourra rendre à la science les plus réels services. Une des plus grandes difficultés des observations météorologiques réside dans l'influence perturbatrice de la station même où l'on observe. Comment connaître par exemple la véritable déviation du vent si un obstacle tout local le fait dévier? Et comment conclure la vraie température de l'air avec un thermomètre influencé par le rayonnement des objets environnants? Aussi les éléments météorologiques des grands centres habités se prennent-ils en général en dehors même de ces centres, et encore est-il nécessaire de s'élever toujours à une certaine hauteur au-dessus du sol. La Tour donne une solution immédiate de ces questions. Elle s'élève à une grande hauteur, et, par la nature de sa construction, elle ne modifie en rien les éléments météorologiques à observer.

« Il est vrai que 300 mètres ne sont pas négligeables au point de vue de la chute de la pluie, de la température et de la pression; mais cette circonstance donne un intérêt de plus pour l'institution d'expériences comparatives sur les variations dues à l'altitude.

« Je n'insiste pas sur les autres usages scientifiques qui ont été signalés, avec raison. Je dirai seulement que la Tour pourrait donner lieu à de très intéressantes observations électriques. Il est certain qu'il se fera presque constamment des échanges entre le sol et l'atmosphère par ce grand paratonnerre métallique de 300 mètres. Ces conditions sont uniques, et il y aurait un très grand intérêt à prendre des dispositions pour étudier le passage du flux électrique à la pointe terminale de la Tour. Il sera souvent énorme et même d'observation dangereuse, mais on pourrait prendre des dispositions spéciales pour éviter tout accident, et alors on obtiendrait des résultats du plus grand intérêt.

« Je voudrais encore recommander l'institution d'un service de photographies météorologiques. Une belle série de photographies nous donnerait les formes, les mouvements, les modifications qu'éprouvent les nuages et les accidents de l'atmosphère depuis le lever du soleil jusqu'à son coucher. Ce serait l'histoire écrite du siècle parisien dans un rayon qui n'a jamais été considéré.

« Enfin je pourrais signaler aussi d'intéressantes observations d'astronomie physique et en particulier l'étude du spectre tellurique, qui se ferait là dans des conditions exceptionnelles.

« Ainsi la Tour sera utile à la science; ce n'est de sa part que de la reconnaissance, car sans la science, jamais elle n'aurait pu être élevée. Le génie civil, est fils de la science, aussi la science doit-elle le soutenir et le défendre chaque fois qu'il se réclame d'elle. »

Si la Tour de 300 mètres est une entreprise scientifique grandiose, elle constitue également une œuvre d'art du plus bel aspect : c'est aujourd'hui l'avis de quelques-uns de nos plus grands artistes, de ceux-là mêmes qui à l'origine avaient cru devoir combattre l'entreprise. Lors du récent banquet de la conférence *Scientia*, réunion à la suite de laquelle M. Janssen a prononcé les paroles que nous venons de citer, M. Sully-Prudhomme, de l'Académie française, a élevé la voix du poète en faveur du géant de fer. L'orateur a rappelé, avec ce charme particulier dont il sait revêtir tout ce qui s'échappe de sa pensée, qu'il a dû hésiter pour oser choisir entre son culte pour la grâce et sa vénération pour le génie asservissant la force. Mais le colosse lui apparaît aujourd'hui « comme un témoin de fer dressé par l'homme vers l'azur pour attester son immuable résolution d'y atteindre et de s'y établir ». « Voilà, a dit en terminant M. Sully-Prudhomme, le point de vue qui a réconcilié mon regard avec ce monstre, conquérant du ciel. Et quand même, en face de sa grandeur impérieuse, je ne

Fig. 31. — Aspect de la Tour Eiffel à 3 kilomètres de distance; vue prise du Point-du-Jour, à Paris. (D'après une photographie de M. Jacques Ducom.)

me sentirais pas converti, assurément je me sentirais consolé par la joie fière qui nous est commune à tous, d'y voir le drapeau français flotter plus haut que tous les autres drapeaux du monde, sinon comme un insigne belliqueux, du moins comme un emblême des aspirations invincibles de la patrie. »

Il suffit du reste de considérer attentivement le monument pour être frappé de la grandeur et de la beauté de ses différents aspects.

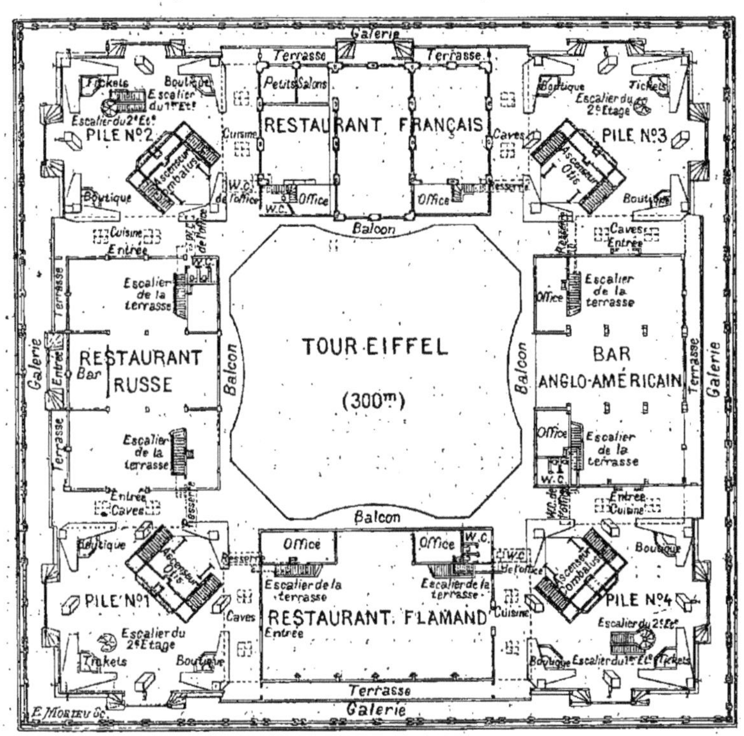

Fig. 32. — Plan du premier étage de la Tour Eiffel.

Le plan ci-dessus donne la disposition des installations du premier étage : il indique l'emplacement des quatre restaurants français, russe, flamand et du bar anglo-américain. Tout autour des restaurants, règne une galerie-terrasse qui est accessible à un très grand nombre de visiteurs. Les accès des quatre piles sont détaillés aux angles du plan. La vue est particulièrement curieuse du balcon intérieur qui permet de considérer le centre de la Tour.

Son aspect, aujourd'hui qu'il est terminé jusqu'à sa hauteur définitive, peut être jugé et apprécié : les détracteurs de la première heure se sont tus, et l'approbation des ingénieurs et des artistes est unanime comme celle du public tout entier.

En avant du champ de Mars, la Tour Eiffel, posée sur ses quatre piliers de fer, forme comme l'arc de triomphe de la science et de l'industrie.

Quand on la considère de loin, la Tour de 300 mètres est gracieuse, svelte, légère; elle s'élève vers le ciel comme un mince treillis de fils métalliques; elle est toute pleine de poésie dans son ensemble. Une de nos gravures en donne l'aspect lorsqu'on la considère à une distance de quelques kilomètres (fig. 31).

Quand on s'en approche, la construction devient monumentale; et quand on arrive au pied du colosse, on admire avec recueillement cette énorme masse métallique assemblée avec une précision mathématique, et formant une des œuvres les plus audacieuses que l'art de l'ingénieur ait jamais osé entreprendre.

La surprise augmente quand on gravit les escaliers de la Tour : avant d'arriver au premier étage, on traverse des forêts de montants de fer, qui offrent des enchevêtrements fantastiques; puis, à mesure que l'on monte, on s'étonne tout à la fois et de l'immensité de l'édifice, et de sa légèreté apparente, et de la splendeur du panorama qu'il permet de contempler.

En dehors de l'incontestable intérêt qui s'attache à la Tour Eiffel, tant au point de vue de sa construction métallique que de sa hauteur; on ne peut plus nier aujourd'hui que l'œuvre gigantesque est absolument belle, comme il arrive à ce qui est absolument approprié à son objet. Ce monument grandiose est, pour notre époque, ce que la grande pyramide qui traduit les efforts de tout un peuple a été pour le monde ancien; toutes les ressources de l'art contemporain ont dû concourir à son exécution.

L'empressement que met la foule à visiter ce monument grandiose est d'ailleurs la meilleure réponse à toutes les critiques qui avaient été formulées. Le premier étage de la Tour (fig. 32) est le rendez-vous des visiteurs de l'Exposition qui se plaisent aussi à gravir la Tour de fer jusqu'à son extrémité. Là, on contemple en effet à plein ciel, et en pleine lumière, les spectacles aériens grandioses. Ne serait-ce qu'à ce point de vue, la Tour de 300 mètres a son utilité, puisqu'elle nous permet d'élargir notre horizon.

FIN

TABLE DES MATIÈRES

18523. — Imprimerie A. Lahure, rue de Fleurus, 9, à Paris.

LA NATURE

REVUE DES SCIENCES

ET DE LEURS APPLICATIONS AUX ARTS ET A L'INDUSTRIE

Journal hebdomadaire illustré

Honoré par M. le Ministre de l'Instruction publique d'une souscription pour les Bibliothèques populaires et scolaires

Rédacteur en chef : GASTON TISSANDIER

DIX-SEPTIÈME ANNÉE

La Nature a été fondée en 1873. C'est aujourd'hui un des journaux les plus répandus, et son influence sur le développement de l'esprit scientifique en France a été incontestable. Toutes les actualités scientifiques y sont passées en revue; une part importante y est faite aux découvertes industrielles, aux voyages, à la science utile et même amusante, comme aux conquêtes de la science pure.

Le savant y trouve donc en quelques colonnes le tableau du mouvement scientifique de la semaine dans les domaines les plus variés; le jeune homme s'y instruit en même temps qu'il y cherche une agréable distraction; l'homme du monde y apprend de la science ce que personne ne peut aujourd'hui ignorer.

L'année 1889 marquera pour *la Nature* un pas nouveau et décisif. Un mouvement considérable s'est produit non seulement dans le champ de l'industrie, mais dans celui de la science, à l'occasion de cette grande Exposition, pour laquelle on a déployé de toutes parts une si fiévreuse activité. Des congrès, qui embrasseront tout le champ des connaissances humaines, s'organisent avec le concours des plus hautes notabilités.

La Nature suivra soigneusement tous ces travaux, et se montrera digne du succès, qui, jusqu'ici, a récompensé les efforts de son directeur et de ses collaborateurs.

LIBRAIRIE
DE
G. MASSON

PUBLICATIONS SCIENTIFIQUES ET MÉDICALES
TECHNOLOGIQUES ET AGRICOLES
ENSEIGNEMENT CLASSIQUE

EXPOSANT CLASSE IX
(Palais des Arts libéraux.)

EXTRAIT DU CATALOGUE

Dictionnaire des Arts et Manufactures et de l'Agriculture, formant un traité complet de technologie par M. LABOULAYE, 6e édition revue et complétée, 4 forts volumes in-4°, imprimés sur 2 colonnes avec 5000 figures dans le texte, broché. . . . . 100 fr. Relié demi-chagrin, plats toile 120 fr.

Dictionnaire usuel des sciences médicales par MM. A DECHAMBRE, MATHIAS DUVAL et L. LEREBOULLET, 1 très fort volume gr. in-8°, imprimé sur 2 colonnes avec 400 figures dans le texte. . . . . 25 fr. Relié demi-chagrin, plats toile. 30 fr.

La photographie moderne pratique et applications, par M. A LONDE, directeur du service photographique à l'hospice de la Salpêtrière, vice-président de la société des excursions des amateurs de photographie. 1 vol. gr. in-18, avec figures dans le texte et planches spécimens de procédés de reproduction . . . . 7 fr. 50 Rich. cartonné, fers spéciaux . 10 fr.

Six mois aux Etats-Unis, Voyage d'un touriste dans l'Amérique du Nord, suivi d'une excursion à Panama, par M. Albert TISSANDIER. 1 volume gr. in-8° de la Bibliothèque de la Nature, avec 82 figures dans le texte, 8 planches hors texte, et 2 cartes . . . . 7 fr. 50 Richement cartonné fers spéciaux, tranches dorées . . . . 10 fr.

Les Récréations scientifiques ou l'enseignement pour les jeux, par M. Gaston TISSANDIER, rédacteur en chef du journal *La Nature*. *La Physique sans appareils*. *La Chimie sans laboratoire*. *Les jeux et les jouets*. 5e édition. 1 volume gr. in-8 de la Bibliothèque de la Nature avec nombreuses figures dans le texte . . . . 7 fr. 50 Richement cartonné . . . . . . 10 fr.

L'Électricien, Revue générale d'électricité publiée depuis 1881. Rédacteur en chef: E. HOSPITALIER, ingénieur des arts et manufactures, professeur à l'École municipale de physique et de chimie industrielles de la ville de Paris. Prix de l'abonnement annuel : Paris et départements. . . . . 20 fr. Union postale. . . . . 25 fr.

L'Électricité dans la maison, par E. HOSPITALIER, ingénieur des arts et manufactures. 1 volume gr. in-8° de la Bibliothèque de la Nature, avec 160 figures dans le texte. . . . . 7 fr. 50 Richement cartonné. . . . . . 10 fr.

Traité général de la composition des parcs et des jardins, par Édouard ANDRÉ, architecte paysagiste. 1 volume très grand in-8°, avec 520 figures et 11 planches en chromolithographie 35 fr. Richement cartonné. . . . . . 40 fr.

Le Livre de la Ferme et des maisons de campagne, publié sous la direction de M. JOIGNEAUX, par une réunion d'agronomes, 4e édition entièrement, refondue, 2 volumes gr. in-8°, avec 2690 figures dans le texte. . . 32 fr. Reliure demi-chagrin. . . . . 40 fr.

www.ingramcontent.com/pod-product-compliance
Ingram Content Group UK Ltd.
Pitfield, Milton Keynes, MK11 3LW, UK
UKHW020358230726
13925UKWH00003B/1173